图 1-1 云南元谋人石器
图 1-2 云南元谋人石器
图 1-3 陕西蓝田人石器
图 1-4 陕西蓝田人石器
图 1-5 北京猿人石器
图 1-6 北京猿人石器
图 1-7 湖南津市虎爪山尖状器
图 1-8 山西襄汾丁村人三棱大尖状器
图 1-9 山西襄汾丁村人石球
图 1-10 湖南津市虎爪山石球
图 1-11 北京山顶洞人骨针
图 1-12 北京山顶洞人穿孔贝壳
图 1-13 北京山顶洞人穿孔兽牙
图 1-14 北京山顶洞人穿孔石珠
图 1-15 辽宁海城小孤山遗址骨针
图 1-16 半坡人石铲
图 1-17 半坡人石锄
图 1-18 半坡人玉斧
图 1-19 大汶口穿孔玉斧
图 1-20 大汶口穿孔玉钺

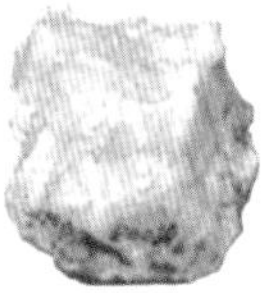

图 1-1　图 1-2　图 1-3

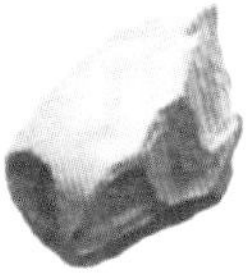

图 1-4　图 1-5　图 1-6

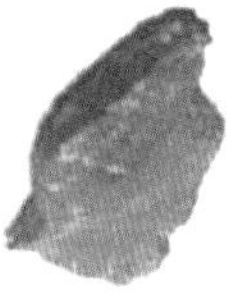

图 1-7　图 1-8

图 1-9　图 1-10　图 1-11

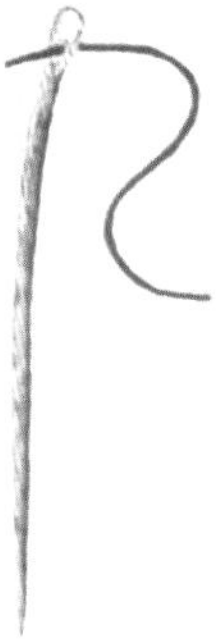

图 1-12　图 1-13　图 1-14

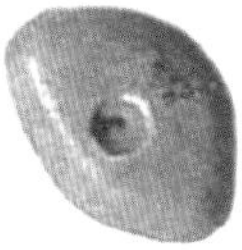

图 1-15

图 1-16

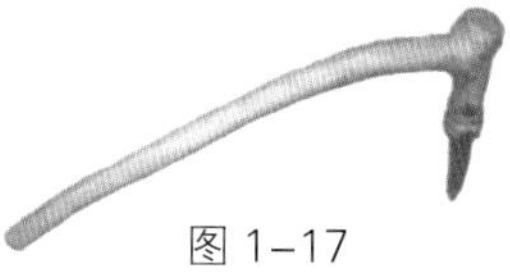

图 1-17

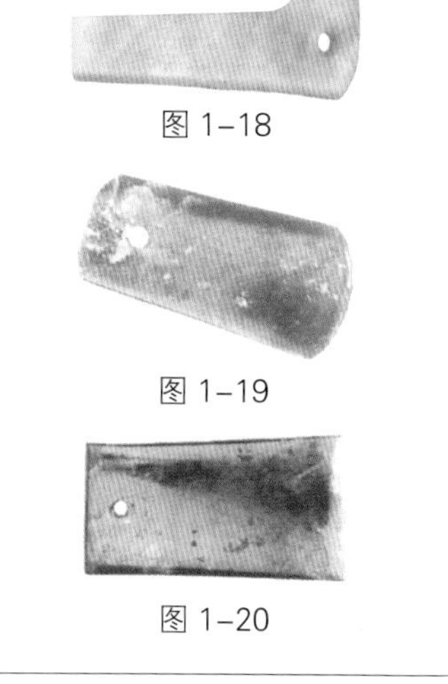
图 1-18

图 1-19

图 1-20

图 1-21 半坡遗址陶器上游动的鱼

图 1-23 半坡遗址双鱼纹盆

图 1-23 半坡遗址陶器上鱼纹演化出的图案

图 1-24 半坡遗址陶器上鱼纹演化出的图案

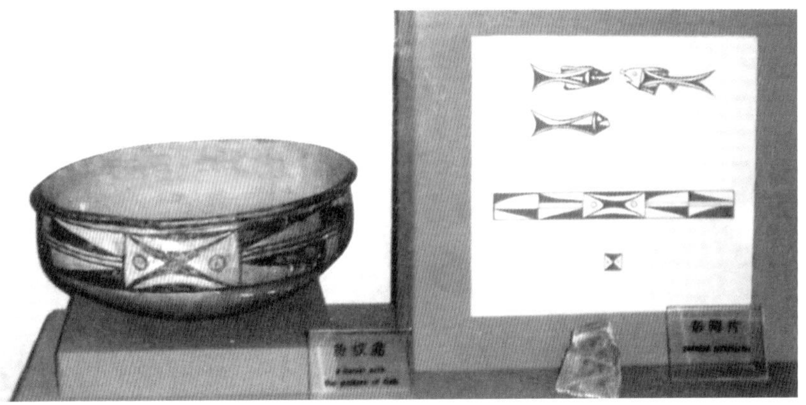

图 1-25 半坡遗址鱼纹陶盆

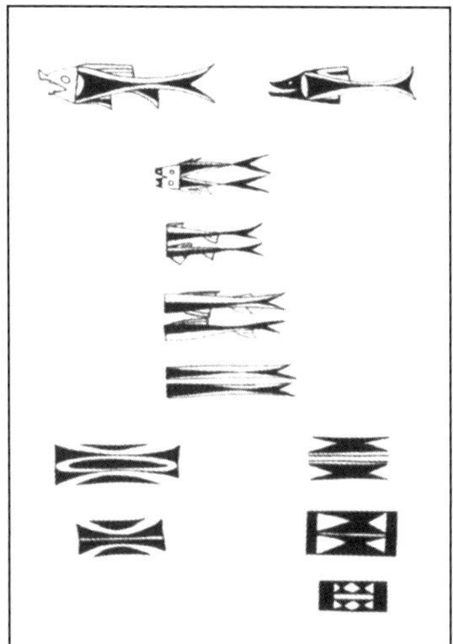

图 1–26 鱼纹演变图

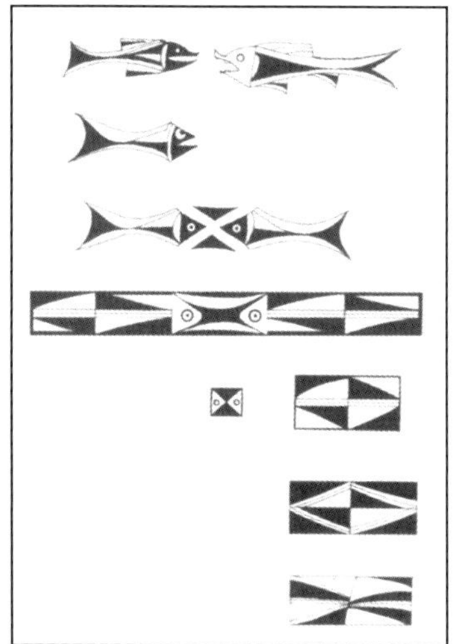

图 1–27 鱼纹演变图

图 1–28 半坡遗址人面鱼纹盆

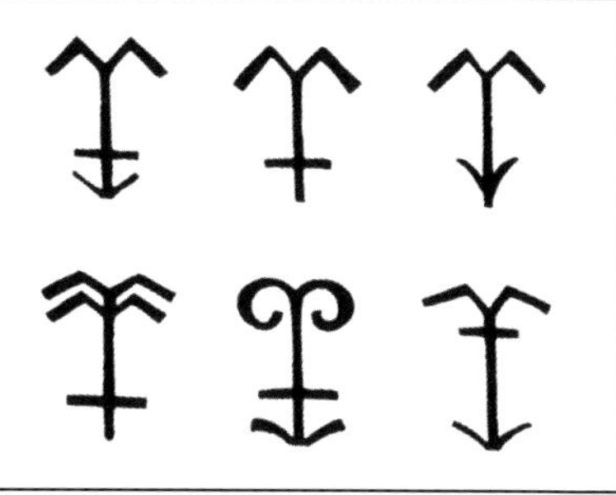

图 1–29 甲骨文中的“羊”字

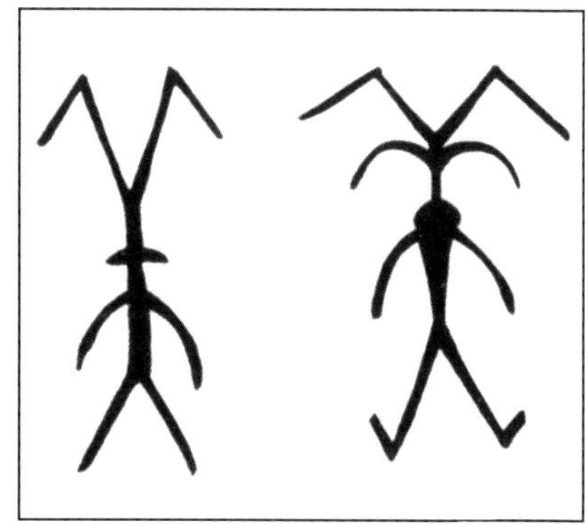

图 1–30 甲骨文中的“美”字

图 1–31 跳舞的人

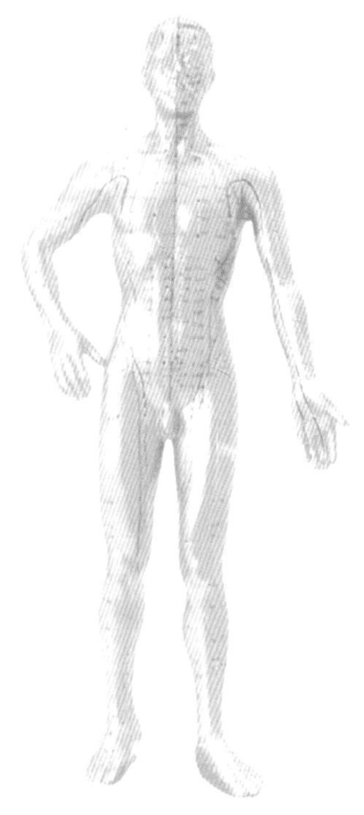

图 3-1　针灸穴位图

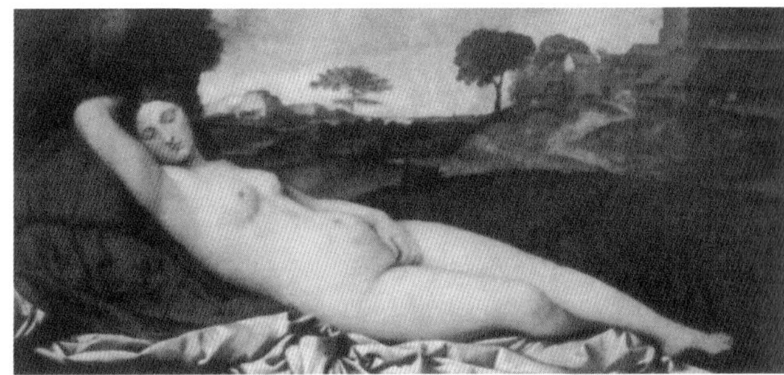

图 3-2　沉睡中的维纳斯

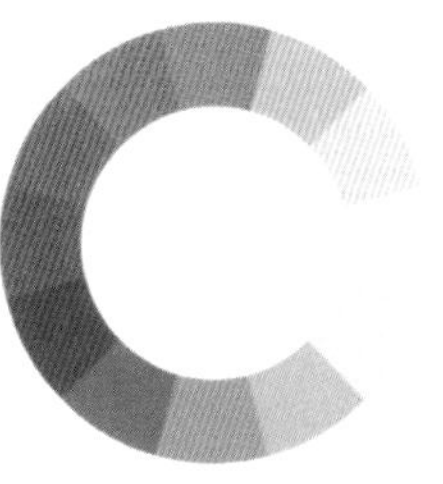

图 3-3　十二色相环

图 3-4　宋庆龄雕像

图 3-5　色彩浓重的基础栽植

图 3-6　中国园林追求自然美

图 3–7　中国园林追求自然美

图 3–8　沈阳新乐遗址

图 3–9　沈阳新乐遗址房屋复原图

图 3–10　沈阳新乐遗址房屋复原图

图 3–11　沈阳新乐遗址房屋复原图

图 3–12　西安半坡遗址房屋复图原

图 3-13 西安半坡房屋遗址

图 3-15 北京北海方亭

图 3-14 北京颐和园

图 3-16 北京天坛的祈年殿

图 3-17 北京景山的周赏亭

图 3-18 北京景山的观妙亭

图 3-19 北京宋庆龄故居的扇亭

图 3-20 粗 糙

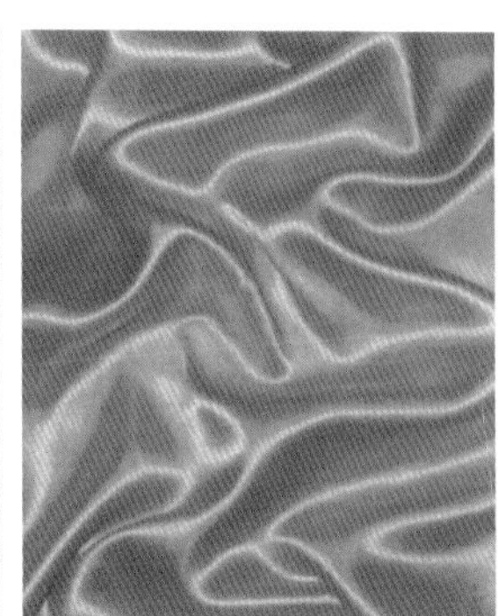

图 3-21 光 滑

图 3-22 柔 软

图 3-23 透 明

图 4-3 北京松山

图 4-4 北京花果山

图 4-1 北京古北口战役烈士墓

图 4-5 湖南张家界雨中山景

图 4-2 北京北海的濠濮间

图 4-6　北京雾灵山石

图 4-8　湖南张家界自然山石

图 4-7　湖南张家界山石阵

图 4-9　苏州环秀山庄假山

图 4-10　常熟燕园黄石假山

图 4-11　苏州留园冠云峰

图 4-12　自然风光美如中国山水画

图 4-13　花　境

图 4-14　花　境

图 5-1　中国北方街道花园

图 5-2　中国江南街道花园

图 5-3　中国北方皇家园林

图 5-4　中国江南私家园林

图 5-5　中国北方私家园林

图 5-6 江南园林建筑小巧玲珑——寒山寺

图 5-7 北方园林建筑雄伟气派——玉带桥

图 5-8 意大利伊塔提园

图 5-9 法国于塞堡园

图 5-10 英国园林

图 5-11 中国园林讲究自然和谐

图 5-12 北京恭王府花园

图 5-13 北京北海公园琼岛春荫

图 5-14 北京恭王府花园

图 5-17 杭州东湖

图 5-15 北京北海公园

图 5-18 苏州园林小景

图 5-16 西湖岸边的人工小景

图 5-19 岭南园林——广州天河公园

图 5-20 岭南园林——广州清晖园

图 5-23 巴蜀园林

图 5-21 寄啸山庄小方壶

图 5-24 巴蜀园林

图 5-22 扬州瘦西湖的五亭桥

图 8–1　日本园林的一池三山

图 8–2　日本园林的枯山水

# 园林美学

冯 荭 著

气象出版社

## 内 容 简 介

本书主要讲述了园林美的基本概念和内容，园林的形式美，园林的形态美，园林的审美类型、风格、流派，园林审美以及中西方园林的文化与审美等内容。我国不少高校园林专业没有设置哲学与美学课程，因此本书在绪论中对美的概念，美的产生与发展、美感等基本理论加大了论述与讲解的篇幅，期望学生有较为深刻的理性认识，为今后创造园林美打下扎实的功底。

本书适合农林院校园林专业的师生作为教材使用，也可作为建筑、园林等部门技术人员的参考书。

**图书在版编目(CIP)数据**

园林美学 / 冯荭著. -- 北京 : 气象出版社，2007.10 (2024.1 重印)

ISBN 978-7-5029-4385-1

Ⅰ.①园… Ⅱ.①冯… Ⅲ.①园林艺术—艺术美学 Ⅳ.①TU986.1

中国版本图书馆 CIP 数据核字(2007)第 158125 号

**园林美学**

Yuanlin Meixue

---

出版发行：气象出版社

地　　址：北京市海淀区中关村南大街 46 号　　邮政编码：100081

电　　话：010-68407112(总编室)　010-68408042(发行部)

网　　址：http://www.qxcbs.com　　E-mail：qxcbs@cma.gov.cn

责任编辑：蔺学东　毛红丹　　终　　审：张　斌

责任校对：张硕杰　　责任技编：赵相宁

封面设计：刘　扬

印　　刷：三河市百盛印装有限公司

开　　本：750 mm×960 mm　1/16　　印　　张：9.75

字　　数：180 千字　　彩　　插：8

版　　次：2007 年 10 月第 1 版　　印　　次：2024 年 1 月第 2 次印刷

定　　价：38.00 元

---

# 前　言

我国园林文化源远流长，对世界园林的发展做出了杰出的贡献。在我国的园林文化中积淀了深沉而厚重的生存意识和审美情趣。由于我国是以农耕文化为基础的民族，所以在我国园林的发展过程中有一以贯之、独树一帜的审美文化。吸收与容纳外来文化基因是我中华民族之长，对于园林也无例外。

编写本书的目的有三：一是本书对于美的产生与发展的内容有所增加，因为不少园林专业没有设置哲学与美学课程，往往是直接进入园林美学课程的讲授。“美”与人的生存息息相关，园林的美与人类的生存与发展更是紧密相连，本书对于基本理论加大了实物论证与讲解的篇幅，期望学生对于园林美及其审美有较为深刻的理性认识；二是加入了“巴蜀园林”等内容，巴蜀园林既没有北方皇家园林和达官贵胄园林的雕梁画栋、富丽堂皇，也有别于江南私家文人园林的拟山模水、意境深邃，而是以古朴自然、粗犷大方、顺然雅秀为其独特的审美风格，正如曾宇等先生所说：巴蜀园林“更接近民间、更直接、更真切地面对普通人生，具有一种质朴之美”，是我国园林大体系中非常重要的一支；三是许多优秀园林著作的内容，有的就一方面讲解得很细致但不够全面，有的讲解得很全面但篇幅又过长，作为本科学生的教材有些不妥。

园林美学是智慧之美在人类生存环境中的理论性实践，是人的智慧本质的感性显现。运用我们的智慧去思考、去行动，去亲吻与拥抱我们的母亲吧！

由于本人水平有限，书中不当之处，还望园林界同仁不吝指教。

冯　荭<br>2007 年 9 月 17 日

# 目　录

# 第一章　绪　论

园林是在一定的地块上，遵循科学原理和美学规律（如改造地形、种植花木、建造房屋及布置园路等途径），创造出来的具有审美意义的自然环境和游憩场地。园林是一门综合艺术，它所涉及的学科较为广泛。本书主要围绕园林美及其相关内容进行编写，探讨如何运用美的规律创造出美的环境。

## 第一节　美的概念

古往今来，人们对于美的探讨经久不衰，关于美的学说驳杂纷纭。

其实，在人类的物质生活和精神生活中美是普遍存在的。如：一块石头、一片绿叶；一首歌、一幅画；叮咚的山泉、咆哮的海浪；麦浪滚滚、炊烟袅袅；保家卫国的英烈、平凡生活中的好人好事……只要我们有一双善于发现美的眼睛，就会看到美的事物无处不在。然而理性地、科学地认识美，却不是一件简单的事。

### 一、对于美的认识

2500 年前，古希腊哲学家柏拉图、亚里士多德等，我国先秦的老子、孔子和庄子等都对美有过论述。许多先哲们的美学思想一直影响至今，现将几种对现在有影响的美学思想做一简单介绍。

（一）外国人对美的认识

毕达哥拉斯（公元前 580—前 500 年）及其弟子把数看作是先于物而独立存在的精神实体。美是和谐与比例，而和谐是某种数量关系，是对立面的协调一致。毕达哥拉斯说："美是和谐与比例。"

赫拉克利特（公元前 530—前 470 年）认为和谐不是矛盾的调和，而是对立面斗争的结果。他说："对立造成和谐。"

苏格拉底（公元前 469—前 399 年）把功用或"合目的性"看作美的基本前提。他说："任何一件东西如果它能很好地实现它在功用方面的目的，它就同时是善的又是美的，否则它就同时是恶的又是丑的。"

柏拉图（公元前 427—前 347 年）是古希腊最大的唯心主义哲学家，也是最有代表性的美学家之一。在《大希庇阿斯篇》中，他第一次明确提出了美本身即美的本质问题。他否定“美就是恰当的”、“美就是有用的”、“美就是由视觉和听觉产生的快感”等。他认为，现实中是没有美的，美只存在于理念世界中。美就是理念。具体事物的美是由于它“分有”了“美本身”，即“分有”了“美的理念”。所以，“美本身”即“美的理念”才是美的根源与本质。

亚里斯多德(公元前384—前322年)是古代伟大的思想家，被称为“欧洲美学的奠基人”。其论著《诗学》是西方美学的法典。他的哲学思想动摇于唯物主义和唯心主义之间，并倾向于唯心主义，但他的美学思想基本倾向于唯物主义。亚里斯多德以个别与一般、特殊性与普遍性的辩证关系从根本上动摇了柏拉图“理念论”的哲学基础。他指出，“同单一并列和离开单一的普遍是不存在的。”因为“人和马等等都是一个个地存在着，普遍的东西本身不是以单一实体的形式存在着，而只是作为一定概念和一定物质所构成的整体存在着”。即否认在个别的具体事物之外，还存在一般的“理念”。他指出：“美的主要形式是秩序，匀称和明确。”

普洛丁(205—270)是新柏拉图学派的代表人物，他继承了柏拉图的思想，又沿用了亚里斯多德的理论，建立了一整套神秘主义的哲学体系。普洛丁美学的出发点是柏拉图的“理念论”，普洛丁认为美是和灵魂同类并使灵魂感到喜悦的东西。

康德(1724—1804)对人类的生理学及心理学有一定的研究，认为“快感的对象就是美”、“美感是单纯的快感”，他的美学思想属于主观唯心主义。

歌德(1749—1832)是诗人与作家，他认为美无疑在自然本身，但只有各部分的构造都符合它的本性，因而显出目的性的东西才美。这种具有唯物主义的倾向美学思想，反对了那些抽象和虚幻的美学思想，在当时是独树一帜的。

黑格尔(1770—1831)是德国的哲学家。他认为：“美是理念的感性显现”，并且辩证地认为客观存在与概念协调一致才形成美的本质，这种思想成为马克思主义美学的理论来源之一。

车尔尼雪夫斯基(1828—1889)是俄国的哲学家。他认为：“美就是生活”、“任何东西凡是显示出生活，或使我们想起生活的那就是美的”。他的美学思想属于唯物主义。

(二)中国人对美的认识

中国人的美学思想源远流长，博大精深。一般认为中国美学思想始于先秦时期，为我国以后各种美学思想的形成与发展奠定了基础。

1.儒家美学思想

儒家美学是中国古典美学最重要的派别。儒家美学家在春秋时代有史伯、师旷、单穆公、伶州鸠、医和、伍举、季札、子产、晏婴等均论及味、色、声等感官的美，美与和、美与善的关系，美的概念等。

孔子(公元前551—前479年)总结了前人的成就,开创了儒家美学思想体系,是我国美学的奠基人,他的美学思想载于《论语》中。孔子思想的核心是仁,所以他说“里仁为美”,即有仁义的地方就是美的。“礼之用,和为贵,先王之道斯为美。”他认为美好的制度是:像先王那样调和恰当的礼制;美好的性格是:“君子惠而不费,劳而不怨,欲而不贪,泰而不骄,威而不猛。”即:君子给人民以好处而自己却不耗费,劳役百姓而又不使他们怨恨,有所欲求但不贪心,安泰而不骄傲,威严而不凶猛。孔子认为礼是文艺的内容,是最重要的。他说:“礼云礼云,玉帛云乎哉?乐云乐云,钟鼓云乎哉?”即如果没有礼这个内容,玉帛、音乐有何意义?孔子认为内容与形式和谐统一才是完美的文艺、完美的人。他说:“质胜文则野,文胜质则史。文质彬彬,然后君子。”即如果内容胜过形式,内容即使好但缺乏文采,就会粗野,如果形式胜于内容,形式美而内容不好,就会虚浮,华而不实。只有内容和形式和谐统一,才是完美的。

孟轲(公元前约372—前289年)的美学思想亦见于《孟子》一书。他针对美善不分的思想,最早区别美与善两个概念。他提出:“可欲之谓善,有诸己之谓信,充实之谓美,充实而有光辉之谓大,大而化之之谓圣,圣而不可知之之谓神。”即己所不欲勿施于人就叫做善;真诚叫做信;善和信充实圆满,并表现于外,就叫做美;美而又有光辉的叫做伟大;伟大而又光辉四方,感化万民,就叫做圣;圣到了极点而无法估量,就叫做神。善信充实统一就是美。孟子认为人之初,性本善,性格美是先天固有的。由于受外界事物的影响,有些人的性格才变恶。因此要修心养性,以保持固有的善性。他提出:“养浩然之气。”孟子强调美感的共同性,他认为:“口之于味也,有同耆焉;耳之于声也,有同听焉;目之于色也,有同美焉。至于心,独无所同然乎?心之所同然者何也?谓理也,义也。圣人先得我心之所同然耳。故礼义之悦我心,犹刍豢之悦我口。”在中国艺术心理学史上,孟子第一次提出“共同美感”的问题。其根据是人的感觉器官的共同性,并指出美的伦理道德在精神上的审美愉悦有共同性,是与人的生理、心理欲求相关的。

2.道家美学思想

道家美学思想是与儒家美学思想互相对立、互相补充的极为重要的美学思想派别。

老子是早于孔子的一位思想家。他的美学思想载于《老子》一书。老子提出美与丑的对立统一。他说:“天下皆知美之为美,斯恶已,皆知善之为善,斯不善已。”即美作为一种社会现象,不仅在与善的区别中表现其自身的特点,而且还在与丑(恶)的对立中显示其自身。老子认为美与丑又是可以相互转化的。他说:“唯之与阿,相去几何?美之与恶,相去若何?”唯唯诺诺与诃责训斥,在有些人身上可以统一;美与丑的区别,也非天渊之别。他还说:“祸兮福之所倚,福兮祸之所伏。”老子认为形式美也应排除,他说:“美言可以市尊,美行可以加人。”但:“信言不美,美言不信。善者不辩,辩者不善。”

庄子(公元前369—前286年)其美学思想载于《庄子》一书。庄子认为:“天地有大美”,即天地具有孕育和包容万物之美。庄子还指出:“道”“生天生地”,“覆载天地,刻雕众形”,即天地万物由道派生而出。“夫得是,至美至乐也。”即得到了道,就会获得美的最大享受,获得最高的美感。

以上简单介绍了几位中外思想家的美学思想。还有许多其他美学理论,至今仍在不断发展。

**二、美的产生与发展**

人们从不同的角度对美进行了多方面的研究。许多学者都用哲学的方法作了有价值、有意义、有深度的论述:美产生于原始人使用和制造工具的劳动之中,原始劳动过程、原始工具、原始产品,是原始的自由自觉活动及其结晶,体现了原始人的本质力量,成为人类的原始美。美的发展也是由于人类在生产实践中、在不断地认识和改造客观世界的过程中而不断发展的。

(一)美的产生

《墨子》中说:“食必常饱,然后求美;衣必常暖,然后求丽。”人类最初进行生产并不是为了创造美,也没有专门创造出审美的对象,美和实用是结合的,有用的有益的,人们往往也就认为是美的。因为只有在有用的对象中,才能直观到人类创造活动的内容,才可以感到自由创造的喜悦。我们可以从原始石器、陶器的演进过程中理解美的产生。

1.石器上的美

人类在自身的发展过程中,几乎一致地首先选择了石头作为自己加工利用的对象。石头作为一种人类社会化的载体,以其不朽的质地成为人类进化发展,社会文明继承、创造的有力见证。

考古学将人类使用石制工具进行生产的时代称为石器时代。石器时代是人类历史的开端,它是一个漫长的历史阶段,在人类历史上大约延续了300万年左右,约占人类历史的99%以上。能够制造工具从事生产劳动,是人类与一般动物的最重要的区别。有些灵长类的高级动物虽然也能使用工具,但不能像人类那样运用思维能力和创造能力来制造工具。人类制造工具的本领是最重要的文化特征。也正是在最为原始的制造工具的过程中,美开始萌芽、开始发展;开始由物质实用,经过长期的劳动生产实践过程升华为精神享受。

我国云南元谋县上那蚌村的元谋人遗址距今170万年,属于旧石器时代早期的文化遗址,那时的人们使用的石器有了明显的人工雕琢痕迹(见彩图1-1,1-2)。元谋人在石器上留下的这些痕迹,不是为了好看,而是为了实用,尽管这些石器上还有顽石的原始与粗野，但先民已将人的意志刻画在上面。陕西蓝田县蓝田人文化遗址也属于旧石器时代早期的文化遗址，距今大约有110万～115万年，他们使用的是加工方法简单的大尖状器、砍砸器、刮削器和石核等石器（见彩图1-3，1-4），这时的尖状器已有了形式美中对称的雏形，但石器的总体外貌仍显出加工简单粗糙、形式不够规整的特征。生活在50万～20万年之前的北京猿人，是旧石器时代早期典型的直立人，他们懂得取火技术、会打制石器（见彩图1-5，1-6）和骨器，石器的类型趋向稳定，一器多用的现象逐渐消失。湖南津市虎爪山也是旧石器时代早期的文化遗址，所出土的尖状器有明显的类型稳定趋势（见彩图1-7）。上述石器属于旧石器时代早期的劳动工具，在外形上和天然石块的差别虽不很明显，但是毕竟在石面上留下了人的意志的烙印。从材料的选择、加工的方法，到外形的特征，都体现了人类自觉地、有意识、有目的的创造活动。所以不管这种石器如何粗糙，对人类历史的意义却极为重大，它标志着人类脱离了动物。原始人类制作这种石器的目的还不是为了追求美，而是为了实用。

山西省襄汾县丁村人文化遗址是旧石器时代中期的代表，使用的石器以砍斫器、三棱大尖状器、小尖状器、刮削器、石斧等石器为主，器具用途已有明显的分工。丁村人的三棱大尖状器已显现出对称的形式（见彩图1-8），在使用中对称的器具用力均匀，便于掌握。石球是丁村文化遗址中常见的石器（见彩图1-9）。在旧石器时代早期的湖南虎爪山文化遗址中也发现有少量的石球（见彩图1-10），但是与丁村人的石球相比明显粗糙了许多。石球的圆形最初并不是作为美的标志，而是标志着器物的实用性质。为什么投掷武器要用球形？这是人们在长期的实践中发现圆形的物体在投掷时，较之不规则的物体更易于准确击中目标，所以石球的造型是由实用的需要决定的。原始先民在长期的生产劳动实践中，通过这些实用的形式看到通过自身的智慧力量所创造的实物、提高了劳动效率而引起喜悦时，这种圆形和对称的造型才能成为审美对象。旧石器时代中期的石器有了很大的进步，主要是石器类型的增多和功能的进一步分化，有了形式美的雏形。石球和皮条制作的“飞石索”，是当时人们使用的重要狩猎工具。当时石球所呈现的圆与美学中所涉及的圆的意义有所不同：前者出于实用，满足人们的物质需求；后者出于审美，满足人们的精神需求。如园林中的圆形花坛、圆形喷水池、球形绿植等物体的构建，主要是为了满足人们的精神需求。

到了旧石器时代晚期，人们的石器制作技术有了进一步的发展。磨制和穿孔技术，出现在这一时期。如北京周口店山顶洞遗址都属于旧石器时代晚期，从考古工作者发现的骨针（见彩图1-11）、穿孔贝壳（见彩图1-12）、穿孔兽牙（见彩图1-13）、穿孔石珠（见彩图1-14）等实物中看，当时的人们已经掌握了钻孔、磨光和刮挖技术。辽宁海城小孤山遗址同属旧石器时代晚期，在遗址中发现的器物（见彩图1-15）与山顶洞人的很相似。值得注意的是，旧石器时代晚期的这些技术仅仅在石质装饰品的制造上使用，还没有应用在生产工具的制作中，但是为磨光石器的出现提供了技术前提。

穿孔贝壳、穿孔兽牙、穿孔石珠等物是人类较为原始的装饰品，这种装饰品的出现是物质产品向精神产品转化的标志。其后，随着生产力的发展和审美情趣的提高，装饰的形式和材料更加缤纷多彩，反映的观念、意象也更加复杂抽象，人类的审美意识逐步显露出来。目前对于原始装饰起源的说法大致有5种："生存保护说"认为，原始人的思维中，一切物体都是活的，是物质与灵魂的二元体，装饰的发生，从精神和物质上维系着原始人类的生死存亡。"美化装饰说"认为，大多数原始的人体装饰都起始于双重目的，即：第一是做吸引人的工具，第二是做叫人惧怕的工具。"性吸引说"认为，一个大家都通行裸体的地方裸体是不足为奇的，不论是一对班驳的羽毛、一串小珠、一簇小叶或一个发亮的贝壳，都会引起他人的注视。这原始的饰品，实际上做了很强烈的性感的刺激物。"图腾说"认为，原始的装饰象征图腾崇拜或部落标志，所取材料以氏族图腾符号的不同而各异。"巫术说"认为，人体装饰的最早形式与神灵崇拜的巫术有关，原始人类在自己身上进行了一定的装饰后，便有了神灵那种超越自身的力量和勇气，是一种实现使灵魂附身、超凡化的器物，具有原始宗教意识的性质。这5种说法透露给我们一个共同的信息就是"人类的原始观念在逐步显露"，在这种原始观念中包括了审美观念的原始萌芽。

新石器时代的人们发明了磨制石器。西安半坡文化遗址距今约6700年左右，是仰韶文化的代表之一，出土工具有石斧、石锛、石锄等器物，多数装有木柄（见彩图1-16，1-17）且分工明确细致，这些石器大多是磨制的，磨制的石器不仅提高了实用效能，而且在造型上也具有美的形式，如光滑、匀称、方圆等（见彩图1-18）。山东大汶口文化遗址距今约6300年左右，出土的玉斧、玉钺（见彩图1-19，1-20）具有了明显的审美特征：造型规整、匀称，色彩滢润、斑斓。玉器质地坚硬易碎难以加工，据研究分析：玉斧虽然保留了工具的形式，但已不是为了实用，而是一种权利的象征。

从石器的不断演进过程中我们可以看出：人类在生产劳动、生产实践中把原来粗野不驯的顽石，一步步变成了具有形式美特征（如对称、匀称、光滑、规整等）的器物。石器从实用到具有形式美外观经历了漫长的岁月，在这一过程中原始意识与原始观念在先民的头脑中逐步显现，进而向美的方向不断发展。

2.陶器上的美

陶器是原始社会划时代的发明。制作陶器是人类第一次通过化学和物理变化改变物质性能的、充满智慧的创造性活动，尤其是彩陶上流畅鲜亮的纹饰已经具备了审美特征，让现代人感受到先民们对美的诠释。

大约1万年前的新石器时代，先民们使用的火种绵延不断。从那时起便有了陶器。关于陶器的发明时间与发明者，有这样几种说法：一是"神农制陶说"。《逸周书》

记载了“神农耕而作陶”的故事；二是“燧人氏之前制陶说”。南宋罗泌撰有《路史》，书中认为陶釜的发明者是钻木取火和结绳记事发明者的燧人氏；三是“虞舜制陶说”。先秦史官档案记录汇编《世本》的“作篇”讲：“舜始陶”即虞舜这位传说中父系氏族社会后期部落联盟首领，是陶器的发明者；四是“昆吾制陶说”。战国《吕氏春秋》认为，黄帝时才创设专官陶正昆吾来管理制陶，《墨子·耕柱篇》有“陶铸于昆吾”的记载，相传昆吾是颛顼的后裔，传说他“制作陶冶，埏埴为器”，发明了制陶技术。

中国硅酸盐学会编的《中国陶瓷史》一书认为，昆吾实际上是夏代的昆吾族，以善于烧制陶器和铸造青铜器著称。古文献里关于早期具体人物发明陶器是一些传说，陶器的创制，不是某一个人的发明，而是无数先民从生产实践中逐步改善的产物。北京大学的赵朝洪、吴小红认为：我国早期陶器“经多种科学方法测定，其最早的年代可达17000万年前后，证明中国是最早发明陶器的地区之一”。

江西省万年县仙人洞文化遗址，是距今1万多年的新石器时代早期古人类文化遗址，遗址中发现大量烧火堆遗迹，出土了早期的陶器。这时的陶器就是用泥片或泥条捏塑成型，制陶工艺十分简单和原始，应属于初创期。这是中华民族的先民们自己烧制的陶器，他们开创了制陶工艺的先河，为后世制陶工艺的发展奠定了基础。陶制炊器使人类有可能享受煮熟的食物，利于消化与吸收，提高了人们的生活质量。

河南省新政县裴李岗遗址也是早期新石器文化代表，年代距今约8000～9000年，这一时期的陶器形状简单，质朴大方，反映了陶器发明初期的特征。在裴李岗文化遗址出现了陶窑，使中国成为最早使用陶窑烧制陶器的地区之一。陶窑的出现使陶器的烧成温度得到提高，使人类在获得高温的历程上迈开了有效的第一步，同时也使裴李岗遗址出土的陶器质量得到了很大的提高。

甘肃省秦安县大地湾文化遗址出土了距今8000年的原始彩陶，为中国彩陶起源提供了珍贵的、实在的资料。大地湾的陶器种类较少，纹样简单，具有一器多用的特点。陶器对人类的生活有很大的影响，其本身是实用性很强的器物。如陶器可以用来盛水、储存粮食、烧煮食物。陶器储粮可以防潮、煮熟的食物易于消化等，色与形是人类审美最为基本的感性质料，大地湾的陶器上不仅仅有彩，而且是色形兼备，说明我国先民的意识与观念在一步步完善，审美意识与审美观念也在不断发展与成熟。彩陶的诞生似一道绚丽的朝霞，在人类美学史上刻下了灿烂的一笔。

陕西省西安市半坡遗址，经碳素测定年代为距今6700年至6100年。半坡类型是继大地湾文化发展起来的，已出现了专业的陶丁。画工的出现迅猛地促进了绘画技艺的提高，促使图案纹样规范化，更有利于传授和传播这些有着固定格式的图案纹样。半坡类型的彩陶纹样，分成自然形纹样和几何形纹样两大类，而几何形纹样中的一部分又是从自然形纹样演变来的。鱼纹是半坡类型彩陶自然纹样中的主要花纹，还有人和动物的纹样，如著名的人面鱼纹彩陶以及蛙纹彩陶、鹿纹彩陶等。半坡类型彩陶的几何形纹样与自然物有很大的联系，这些逐步变得抽象的纹样是经过千年的演进，从简单到复杂、从具象表现到意象表现、从照样模拟到设计创造的进步与发展过程。

山东省的大汶口文化距今6000多年至5000年左右。大汶口彩陶的特点表现在陶器外型的多样化，陶器颜色的多彩化。八角星纹是大汶口文化彩陶纹样中具标志性质的花纹，可能是表现盛开的花朵，也可能象征四面八方的全方位大地。这一时期在彩绘手法上是用不同的色彩作为花纹的底衬，以不同花纹的赭色宽带作间隔，有着虚实相生的审美效果，可见当时的人们已经在满足实用的同时也有了审美意向，进行了审美创造。

甘肃省的马家窑文化遗址距今5200多年至4800年左右。马家窑文化时期的彩陶艺术向我们展示了先民们辉煌的艺术成就。彩陶的制作技法多样，选取题材丰富，设计构图巧妙，绘制纹样精致，器物表面光滑。马家窑文化分为马家窑类型、半山类型和马厂类型，其中半山类型彩陶的显著审美特征是：技艺精益求精；图案繁华富丽。马厂类型彩陶是半山类型彩陶的延续和发展，其审美特征是在半山类型的基础上衍生出了变体样式，变体神人纹是马厂类型彩陶的典型纹样。

以上我们通过相对较为连续的陶器发展阶段，展示了先民们把仅具实用价值的陶器由原始无色到色彩丰富、由简单粗糙到精致光滑、由一器多用到专器专用、由描摹自然到创新设计的历史进程。

（二）美的发展

通过上述对石器与陶器的探讨，可以初步看出美的发展历程。美是在人类社会生产实践中逐步产生与发展的，在石器与陶器这些原始实物中可以看出，实用价值先于审美价值。人类在劳动实践中激发了自身的审美意识，并在劳动实践中不断提高自身的审美能力，使整个人类的步伐永远向着美的方向迈进。在历史发展过程中，由于生产劳动实践使人类不断地认识和改造了客观世界，同时也不断地改造人类自己，使人类自身的本质力量得以完善和丰富，人类在实践与创造中发展了本身的自由与能力。凡是人们在创造性的活动中显示出来的聪明、智慧、才能，在追求新生活中所显示出来的理想、情感、愿望，都是人的本质力量的具体表现，同时人类总是在不断地、自觉地表现和发展美。

1.美的形式演进

随着人类的创造能力不断提高，美经历着由少到多，由简到繁，由粗到精，由浅到深，最终由感性到理性的发展过程。陶器上的纹样就是一个例证。我国文化遗址出土的陶器上的图形，大都是来自自然的形象，主要有以下几种：

第一种是无图案陶器。如江西省万年县仙人洞文化遗址出土的陶器，河南省新政县裴李岗遗址出土的陶器。

第二种是自然形象的原形。如彩陶缸绘鹭鱼石斧图、半坡鱼纹彩陶、彩陶瓶鲵鱼纹、彩陶盆绘舞蹈纹等。

第三种是抽象纹饰。如旋涡纹彩陶罐、半坡类型彩陶等。

第四种是编织物纹饰。连续的经纬交织启发了先民，所以出土的陶器上有几何纹饰。

我国先民制造的陶器千姿百态、种类纷繁，上述仅为大概的几种。陶器上所有的纹样都不是原始先民凭空想出来的，我们以西安半坡遗址中的陶器纹样为例，探讨其演进过程。

约距今6700年以前，在西安市东郊河东岸上生活着一群人，他们日出而作，日落而息，过着一种以女性为中心的生活，那个时代被现在的人们称为原始母系氏族公社时期。斗转星移，苍海巨变，几千年过去了，我们无法知晓先人们是怎样辛勤地劳动，创造出那些令人惊叹的辉煌灿烂的文化，似乎一切都淹没在那荒芜的杂草、破碎的瓦砾之中。然而，当我们细细审视先人们的遗迹、遗物时，就会透过那些陶片上的纹样看到我们祖先的智慧，他们将人的本质通过原始陶器上的图案，让我们今天还能够一目了然。

半坡出土了大量的彩陶，其图案式样繁多，种类丰富。那时已经有了专门从事绘画的人，考古工作者在距半坡村落遗址不远的姜寨遗址，发现了一位6000年前的画家墓葬，在画家身旁有一套画具，包括：一方带盖石砚、一根石研棒、一件陶水杯和几块红色颜料。当时的画家们以深色的彩纹将各种形象画在陶器上，其艺术形象简洁大方，图案内容寓意深刻，有人面的形象、鱼的形象、鹿的形象和网纹等。其中鱼的形象较为突出，呈现出写实模拟的自然形态演变为写意的几何形抽象纹样的完整过程。因为要生存就离不开水，当时的人们还不会凿井取水，半坡人逐水而居，将自己的村落选择在了当时河水丰盈、水势平缓、水质清澈的浐河古河岸。半坡遗址中发现大量的绘有鱼纹的陶器与浐河中滋长的大量鱼类息息相关。浐河不仅供给半坡人生活用水，它还是半坡人赖以生存的天然水产基地，这就使我们不难理解半坡陶器上的鱼纹图案了。

半坡陶器上的鱼纹图案，形体洗练、造型简洁、直观生动，寥寥几笔足以传神（见彩图1-21，1-22），表现出鱼儿悠然于水、大口食食的神态，在单纯质朴的造型中流露出天真稚拙的趣味，让人感到亲切与自然。

随着氏族社会的不断发展，鱼纹图案也不断更新。先民们开始用抽象简洁的手法表现复杂的内容，显现在彩陶上的鱼纹已不是自然界中真实而具体的鱼，而是鱼的某一部分的纹样（见彩图1-23，1-24），表现了理念中概念化的鱼，这就是陶器上鱼纹的演变过程（见彩图1-25）。

通过半坡彩陶上的鱼纹及其整个演变过程(见图1-26,1-27),使人相信,半坡人与鱼有着密切的关系,鱼是半坡人最为重视的对象,半坡的“人面鱼纹盆”(见彩图1-28)向我们明明白白地表明了人与鱼的息息相关性,而那些由鱼纹演变的抽象的方形、圆形、三角形、月牙形等等,不正是我们今天具有审美意味的形式美吗?

2.中国的“美”字

“羊大为美”和“羊人为美”是人们对“美”字不同的解释。持“羊大为美”观点的人认为:美的事物起初和实用相结合。羊成为美的对象与社会生活实践中畜牧业的出现是分不开的。羊作为驯养的动物是原始先民生活资料的重要来源,羊也是容易驯服的对象。羊不仅可充作食物,而且羊的性格温驯,是一种惹人喜爱的动物,特别是羊身上有些形式特征,如角的对称、毛的卷曲都富有装饰趣味。在甲骨文中的“羊”字,洗练地表现了羊的外部特征,特别是头部的特征,从羊角上看表现了一种对称的美,不少甲骨文中的“羊”字就是一些图案化的美丽的羊头(见彩图1-29)。持“羊人为美”观点的人认为:美和羊没有关系,“美”字是表现人的形象(见彩图1-30)。“美”字的上半部所表现的是人脑袋上的装饰物,可能是戴的羊角,也可能是插的羽毛,表现了一个人头插装饰物正在手舞足蹈(见彩图1-31)。人类在原始时期的荒蛮生存环境中,需要有一种力量使他们团结在一起,原始舞蹈就是产生这种力量的重要手段。不论是狩猎还是战争,都是整个部落一起行动,所以原始舞蹈也是先人们为了生存下去的一种形式。另外舞蹈还与原始的祭祀活动有关,现在世界上一些地区和我国的一些少数民族的舞蹈中仍然留有原始舞蹈的痕迹。

3.我们日常生活中的美字

今天我们所说的“美”字含义至少有三种相联系而又有区别的含义。第一种表示感官快适。这是对感官生理的对象而言,如当一个人饥肠辘辘,吃些食物得到缓解;天气很热,清风吹来感到凉爽,这些由于感官生理强烈需求而得到满足时,便会说“真美”、“太美了”、“美极了”,这里的“美”字就表示一种感官快适的强烈程度。第二种表示伦理赞赏。这是对伦理对象而言,如对某人的言论、思想、行为、事业表示伦理评价和赞赏,也常用“美”字,如行为美、语言美等。这里的“美”字主要表达对某人的品质、行为的伦理赞同。第三种表示审美判断。这是针对审美对象而言,如对自然风景、对艺术作品这类审美对象的欣赏。感到愉快,常用“美”这个词进行审美判断,它既不表示感官快适,也不表示伦理赞赏。“美”的这种含义,是审美经验的表达,纯属美学范围。

美产生于人类为生存而进行的劳动生产实践中,随着生产实践的发展,美也在不断地发展。

## 三、对美的本质的探讨

石器与陶器的发展，向我们展示了先民们在劳动实践过程中审美意识的一步步显现，审美能力的一步步提高。石器的对称、润泽、光滑，陶器形状的规范与多样、纹样的绚丽与纷繁，充分显示了原始而古朴的美。这些印刻在石器与陶器上的人类痕迹说明了美源于人类的社会劳动实践。

为什么人类能够打造石器这样的劳动工具、制造陶器这样的生活用品，而其他动物不能？人是动物，但人类确实有一种“与其他动物不同的能力”，哲学家们把人类这种“与其他动物不同的能力”称之为“人的本质”。

（一）什么是人的本质？

哲学家们告诉我们：“所谓‘人的本质’就是人的规定性。”规定性是指决定一事物之所以为这事物及其区别它事物的特性。这是一个哲学概念，我们可以理解为：人的规定性就是人与其他动物不一样的地方，人之所以为人而不是其他动物的地方。人的规定性包括了现实规定性和能动规定性。

1. 人的现实规定性

人的现实规定性包括了两个内容：一是自然规定性，二是文化规定性。

人的自然规定性是指人的自然属性，这一属性与其他动物相同，如人与动物都离不开吃、喝、拉、撒、睡等生命活动。文化规定性是人类所特有的属性，人不仅仅是生物人，还是社会人。人类之所以能够主宰自身乃至其他，并不是由于个体的高大、威猛与强悍，而是由于人与人联系在一起的共同体，共同创造了辉煌的物质文化与精神文化，这些文化又反过来规定着人类自身。文化规定性的一个基本意义就是使人更好地生存、发展与壮大。

2. 人的能动规定性

人的能动规定性是指人在实践中表现出来的认识世界、改造世界的能动本质。这种能动本质，就是“人的类特性”。马克思在他的《1844年经济学哲学手稿》中说：“人的类特性恰恰就是自由的自觉的活动。”马克思这里所说的“自由”与“自觉”是哲学概念，与我们日常用语中的“自由”、“自觉”有所不同。自由是指人认识和掌握了客观事物的规律性，即人的活动合规律性；自觉是指人是有意识、有目的的，即人的活动的合目的性。人的这种“自由与自觉”是其他动物所远远不能及的。正如我们所看到的，蜜蜂会建造蜂房、蜘蛛会编织蛛网、老鼠会打洞，这些活动是一种无意识的本能活动。试想：让蜜蜂来编织蛛网、让蜘蛛来打洞、让老鼠来建造蜂房能行吗？而人类都可以做到，因为人类有认识与掌握事物规律的“自由”能动性和有意识、有目的的“自觉”能动性。

综上所述，人的本质就是人在一定的社会环境中，展开的合规律、合目的的创造活动。

(二)怎样理解美的本质?

美的本质并不等于人的本质,美的本质是对人的才能、智慧、思想等本质力量的肯定与确证。在自然环境和社会环境中通过社会实践,人的本质在自己创造物质产品和精神产品上得以显现,那些歪曲生活、情调低下、技巧拙劣、腐朽倒退的事物,使人感到丑陋的原因就在于否定了人的才能、智慧、思想等本质力量。美是什么?美是人的本质在对象世界的感性显现,这里的"对象世界"就是指人所接触到的自然界与社会界,包括人类本身。

## 第二节　美与美感的特征

### 一、美的特征

(一)形象性

形象性是指美具有一种能以自己的具体、生动的感性形象为人们的感官所感知的特性。

美的形象性在自然美、艺术美的领域里是显而易见的。如:心灵美、人格美,似乎是看不见、摸不着的,但仍然离不开具体的感性形态。自然美的形象性、艺术美的形象性很好理解。而社会美也不是抽象的,也有形象性,只有通过人的言谈举止,才能表现与印证一个人是否心灵美。人格美更需要持续的表现和完整的形象才能被定义与确证。

(二)感染性

感染性是指美具有一种感动人、激动人的感染力量,它能使人产生共鸣,进而产生美感的特性。

美具有形象性,但不是具有形象性的事物都美。美是对人的本质力量的肯定和确证,使人通过审美对象,看到自身的力量、智慧以及人的创造才能,因而能产生感情波澜。如果一个形象没有肯定人的本质力量,尽管它可能有漂亮的外壳,那也只是没有生命、没有灵魂的形象,而不是美的形象。美是内容与形式的统一体,美的形象性和感染性都是从这种统一中体现出来的。美的事物,如果没有对人的本质力量的肯定和确证的感性形式——形象性和感染性,就无所谓美。

### 二、美感的特征

(一)美感的概念

美感的广义即审美意识。狭义指审美感受,即主体对美的主观感受、体验、理解、评价和所获得的精神愉悦,是审美中的一种心理状态。

美感是人类从对象世界中发现、确证自己的本质力量后激起的肯定性评价和情感愉悦，在人对现实的审美关系中，在审美实践的一系列复杂心理活动的过程和多种心理功能交互作用中实现，其源泉和物质基础是客观存在的美。审美对象的丰富性、变易性制约着美感的丰富性、发展性。对象美的不同形态、性质引起优美感、壮美感、崇高感、悲感、喜感、幽默感等不同类型的美感。

人们往往把美感与快感混为一谈，其实美感与快感既有区别，也有联系。快感是生命的一种自我调节、自我保护、自我鼓励的手段，快感在生命中普遍存在。美感是只属于人类的一种特殊的快感，是对于那些有助于人类生存、进化、发展的审美行为的肯定与确证。

（二）园林美感

园林美感是人们对园林艺术作品进行审美时所产生的一种高级的、复杂的心理活动，是一种主客观统一的满足感和愉悦感。

一切园林审美活动都以引起园林美感为目标，不能引起园林美感的活动是无效的活动；不能引起充分的园林美感的活动是不成功的活动。人们在游赏园林时渴望达到精神满足和身心愉悦，创作园林作品是为了使游赏者从中获得这种满足和身心愉悦。园林美感具有目的性，它直接关系到创作的水平。游赏者的美感中除了包括对艺术化了的典型园林环境美感到的满足和愉悦外，还包括对巧妙的艺术构思和高超的艺术技巧的赞赏和折服。

园林美感包括生理快感的因素，但不能归结为生理快感。生理快感可以成为园林美感的材料和阶梯，但生理快感只有经过综合并摆脱物欲的羁绊才能上升为心灵愉悦。与精神满足和心灵愉悦相比，生理快感是必不可少的，它在某种思想感情的统率下能够成为园林美感中的激发因素和组成因素。

（三）美感的特征

美感是主客体相互作用的结果，是客观制约性与主观能动性的统一。其特征主要有：

1. 直觉性与理智性的统一

它从对形象的感性直觉开始，并在整个审美过程中始终伴随着形象的直觉，在直觉阶段即已产生初级的美感或审美快感。当经过理智的思维，对事物的内容美、形式美及其统一达到理性认识后，便渗入深刻的理性内容。

2. 生理快适性与社会情感性的统一

在审美的直觉、理智阶段，都伴随生理的快适感，当审美进行理性分析，激起自我意识、社会意识后，美感便发展为喜悦、同情、爱、共鸣等具有特定社会内容的情感、情绪活动，达到知、意、情的统一，并以社会情感为网结点，沟通美感中的各种心理内容、心理形式。

3. 非自觉性与自觉性、个人主观非功利性与社会客观功利性的统一

个人审美经常是非自觉的，不带功利目的的，但由于人在审美中总是受到社会的功利感、道德感的制约，总是以对象于己有益无害为出发点，有时还常表现为自觉的精神活动，或隐或显地带有广义的功利要求，使美感客观上具有了功利内容。

4. 确定性与不确定性、稳固性与变易性的统一

具有鲜明性的对象，制约着美感的指向性，使美感具有确定性，形成具有特定规定性的美感；复杂的、变易的、模糊的对象常使美感具有模糊性、不确定性；即使对象确定，如果主体情绪、认识发生变化，也会使美感处于变易之中，乃至模糊不定。

5. 差异性与共同性的统一

人的审美意识受到各种社会观念的制约，不同的人，其审美心理结构的组合方式不同，审美趣味、能力、角度不同，使美感具有相对性和时代、民族、阶级、个体的差异性。同时对象的确定性，审美心理结构的共同性，又使不同人对同一对象产生共同的美感。获得美感是人进行审美的目的，情感体验和愉悦是美感的最基本的特征，它可使人获得精神的满足，调节人的心理状态，净化人的心灵，促成人的意志行为，激励人按照美的规律去改造现实、改造自己、创造美。

**三、园林美感的构成因素**

人们在游赏园林时所渴望达到的精神满足和生理快感经过意象典型化转化成美的观念，然后与眼前的美景结合，联想起昔日审美经验，形成并持续地吸引着人们长久玩味而流连忘返。园林美感不同于其他艺术美感，它是人对园林作品审美时所得到的、有别于欣赏其他艺术作品时的特殊认识和享受。和其他艺术相比较，它始终由基本因素构成正面形象。尽管不同的园林作品有不同的侧重，但大多数园林作品都有非常稳固的结构。所有的园林作品的艺术内容和艺术价值都有最大的普遍性，因此可以在相当大的范围内使人产生比较一致的美感。这就是说，在多数情况下，即使在作为以建筑群附属物的象征性很强的皇家园林和宗教园林中，园林建筑及整体布局仍能给人振奋、愉快甚至有些亲切的美感，而令人胆慑、森严、肃然的皇宫和寺庙建筑群，给人的感觉却截然不同。园林美感大致由视觉美感(静观的、动观的)、听觉美感(自然音响引起的、人工音响引起的)、亲切美感等构成，按构成整体的方式，园林美感又分为统觉和通感两大类。

(一)视觉美感

园林的视觉美感是指园林通过人的视觉感官——眼睛，使人产生的美感。

视觉美感是园林美感的基础，几乎所有的审美形态都少不了它，即使在其他感受相当明显时，仍有视觉美感在起作用，或由视觉美感引起我们的特殊注意，或在产生其

他感受时联想到视觉美感。眼睛,是人最重要的感官,近代科学证明,人的信息90%以上是通过眼睛接受的,或者说是采取视觉信息的方式传递和接受的。因此视觉美感是最基本、最易感受和最为有效的,也是最普遍的。按观赏位置是否移动和移动方式可将视觉美感分为静观和动观两大类。

1.静观美感

主要是指游赏者在选择好一个或若干个固定角度后自身不再做位置移动而观赏时所获得的美感。显然,在这类方式下,主体移动过程中所获得的一切感受都变得无关紧要。用更概括些的话说,就是人的注意力全部集中在有欣赏价值的空间关系里,换成理论语言就是:空间意识支配着时间意识。静观美感的对象可以是静止不动的,也可以是活动着的。

静观美的感受。其重要特点是它的产生常常由于人为的安排,它有较明显的人为性质,因此艺术意味很浓,如园林的大门、雕塑、人工喷泉等。它是其园林美感最富有典型性和最能代表艺术家意图的那些景点或单体的某些侧面给人的感受。游客往往喜欢在这些地方摄影留念,园林宣传也往往要利用这些地方的艺术特点。对静态美的感受依观赏角度的多寡和对象的立体感程度的大小又可分为两种:绘画感和雕塑感。绘画感不同于我们观赏绘画时所得到的感受,我们的对象仍是立体的实物,只不过从固定角度欣赏其二维艺术效果而已。园林设计时常常得用路、台、椅、廊柱、漏窗、洞门、桥孔、水榭、亭轩、楼阁等等,引导或限制游客的视线,不少情况下,干脆定出个框子,直接把画面呈现出来。这种方法对欣赏者有很大的强迫性,必须设计得很巧妙,很有艺术魅力,很含蓄,把设计意图深藏在景色之中,让人们感到美丽的画面是自然而然地、不期而然地出现在眼前的。这需要深厚的艺术修养和脱俗创新的能力,以慎重而刻苦的态度去反复推敲。

2.动观美感

主要是指游赏者对园林中活动着的对象观赏时所产生的美。相对于静态而言,对动态美的感受有较多的自然性,这是因为不经预先安排,欣赏者只能按其自然的运动规律去感受它。按照形象清晰的程度,动态美感又可分为两种,它们之间有大区别。

动观美的感受。动观的园林美感是指游赏者在活动过程中观赏时所得到的美感,与静观美感相比,空间关系随主体状况而变。在这里,时间意识支配着空间意识。产生动观美感时,主体的运动可能是被动的也可能是主动的。被动的动观美感重要特点是主体活动路径是规定好的,观赏者所看到的一切都是事先被造园艺术家精心安排过的,因此,有较多的规范性。主动的动观美感特点在于它有较多的超越性,它是一种自由、自主的美感。中国优秀的古典园林就已经注意到对欣赏者积极引导而不消极限制，创造了自由、自主游览的条件，不管泛舟湖面，还是林前踏落花都能得到悠闲自在的美感。园林美感中的兴致高低不仅依赖于景物是否迷人，也与欣赏者的自由、自主的程度有关。

（二）听觉美感

园林的听觉美感是指园林通过人的听觉感官——耳朵，使人产生的美感。

随着人类的进步，声音逐步从警报信号、联络信号、表现信号，发展为可供欣赏的美的信息。园林中同样包含了许多音响的信息，很值得我们去玩味，主要有自然音响引起的美感和人工音响引起的美感。如园林中小溪、泉水、飞瀑的音响美，风中的松涛声、杨树的籁籁声，雨打芭蕉声、竹林细雨的淅沥声，在中国诗词中常见的鸟鸣的音响等等。它们的主要作用是烘托静谧的自然环境幽深的意境。人工音响有较明显的时代特征，因而对园林美感的影响也比较显著，使用时须格外慎重，即使在儿童公园、青年公园也不宜滥用。

（三）亲切美感

园林的亲切美感是指园林正面形态所表现出来的亲近和善，给人带来的美感。主要是通过温感、湿感、触感、嗅感、运动感，及身体内部的感受，如酒醉、梦醒等等进入园林美感。

（四）复合美感

复合美感也称为统觉。园林观赏时的统觉是指人们观赏园林时各种不同的审美感受互相影响、互相促进所形成的园林美感。这种统觉比一般心理学中所说的统觉要复杂得多，高级得多，它对造成审美意境有重要的作用。

## 第三节　美学和园林美学

美学是哲学的分支学科，1735 年德国哲学家鲍姆嘉敦第一次使用了“美学”一词，所以称他为“美学之父”。鲍姆嘉敦依据另一位德国哲学家莱布尼兹的学说，把人的精神世界分为知、情、意三部分。逻辑学研究“知”，它引导人们达到真；伦理学研究“意”，它引导人们达到善。但是还没有一门学科来研究情（感情），他建议由美学来研究它，美学引导人们达到美，从而取得与逻辑学和伦理学同等的地位。

园林美学是美学的分支学科，是研究园林艺术美学特征和规律的一门学科。通过对由自然美、社会美、艺术美三者结合和渗透的园林进行分析，提高我们对园林的审美能力，增强我们的创美意识。

**一、美学的概念**

美学（Aesthetics）是从人对现实的审美关系出发，以艺术作为主要对象，研究美、丑等审美范畴和人的审美意识、美感经验，以及美的创造、发展及其规律的科学。

美学是人类社会实践、审美实践、创造美实践的产物，是对人类创造美实践经验的理论概括。它对于推动哲学社会科学、自然科学、文学艺术的发展，具有重要的理论意义，对于促进人们树立正确的审美观点，培养健康的审美趣味，提高审美、创造美的能力，从而改造社会，美化生活，完善人性，具有重要的实践意义。

在理论与实践、历史与逻辑相统一的基本方法的基础上，现代美学进一步将宏观研究与微观研究、综合研究与分门研究、理论探讨与实际应用结合起来，在其内部又衍生出哲学美学、艺术美学、心理学美学、技术美学、生活美学等多种分支学科，出现了实验美学、完形心理学美学、精神分析学美学、实用主义美学、自然主义美学、表现论美学、现象学美学、直觉主义美学、形式主义美学、结构主义美学、存在主义美学、接受美学、符号论美学等多种流派。现代美学出现了研究的重点逐步由自上而下转向自下而上，由哲学本体论、重于研究客体转向重于研究主体的趋势。

**二、园林美学的概念**

园林美学(Landscape Architecture Esthetics)是应用美学理论研究园林艺术的美学特征和规律的学科。

中国古典园林艺术取得了灿烂辉煌的成就，为园林美学提供了比较完备的实践资料。近些年来，随着我国园林事业的复兴与发展，园林理论研究工作也有了很大的发展。但目前园林的艺术理论仍落后于园林艺术实践的要求，这不仅表现在目前尚无系统的园林艺术审美理论来指导我们的园林创作，而且也没有统一的客观的园林艺术审美标准来评价作品以及指导人们的园林欣赏。园林界的不少专家学者在园林审美方面做出了或正在做不懈的努力，如余树勋先生的《园林美与园林艺术》，张承安等多位专家编写的《中国园林艺术词典》，周武忠先生的《园林美学》，金学智先生的《中国园林美学》，戴廷勋、张小元先生的《园林美学》，梁隐泉先生的《园林美学》，楮泓阳、屈永建先生的《园林艺术》等等。这些专家学者都为园林美学的创立做出了杰出的贡献。

**三、美学与园林美学**

美学是一门理论性较强的学科，但是美学理论又是能够影响人们的审美活动特别是艺术创作和欣赏的一种强大的精神力量。

园林美学是一门新的边缘交叉学科，是美学理论的实际应用；园林美学对园林艺术作哲学、心理学、社会学的研究，并从哲学、心理学、社会学的角度研究园林艺术的本质特征，研究园林艺术和其他艺术的共同点和不同点，分析园林创作和园林欣赏中的各种因素，然后找出其规律性的东西来。

# 阅读(一)　中国上古神话中透视出的生死观

面对自然的生命威胁和生存压力，远古先民在追求生死的奥秘过程中产生了诸多创始神话。神话以生死为主题，体现了我国先民的生存智慧，演绎出了中国丰富灿烂的文化。对生的热爱和追求，对死的恐惧和厌恶，这是中华民族生命意识的两个侧面。人们在痛惜生命苦短、人生无常的同时，也以满腔的热情去追求生命和赞美生命。但死终究要来临，于是先民就通过幻想，来与死亡抗争，试图超越现实，超越时空，于是各种体现先民生命意识的神话也就出现了。人类所有的文化形式，如神话、宗教、哲学、艺术等等，大都是以死亡焦虑为中心而发展起来的。从这个意义上讲，人类的文明史其实就是一部与死亡抗争的历史，所有的民族都有一整套关于生老病死的文化传统，中华文明也处处渗透着中华民族关于生死的智慧和观念。

社会学家杜尔海姆通过对澳洲原始宗教的研究，进一步证实了“不是自然，而是社会才是神话的原型。神话的所有基本主旨都是人的社会生活的投影”。因此，通过这些神话，我们一样可以深入到中华先民们精神生活中去。正像有的学者指出的那样：一个民族的神话，往往“与民族精神相表里”，“是民族精神的最初记录……与这民族的内在精神气质相贯通……与民族精神一同深植于民族的集体意识中……”世界各民族、各国，均有其神话。我国的上古神话，也非常地丰富多彩，可与其他国家的神话相媲美。但是，记录于我国古代典籍中的上古神话，却凤毛麟角，而且非常地零碎。但在一些典籍的零星记载中，涉及到伏羲的地方仍然不少。

原始先民在“混沌初开”的意识中还不可能对生命，尤其对人类自己的生命现象、过程进行理论的观照，所以更多的是对大自然的敬畏和崇拜。随着人类的进化和大脑智商的提高，随着生活经验的积累，人类才逐渐发现大自然的许多现象，如洪水、雷电、猛兽以及各种自然灾害都可以决定人的命运，导致人患病和死亡。于是人类开始自觉地探索死亡的秘密、人的生命与大自然的关系。

人首先在从自身的意识活动上寻找突破口，因为人先要学会缓和和化解主观意愿和客观事实之间发生的冲突，学会直接面对死亡或给死亡一个所谓的“说法”。在先民的自我体验中，在睡梦中，人是可以不受身体存在的具体时空条件拘束而恍若升天入地，追前启后，从事种种超时空活动。因此，古代先民相信在人的身体中存在一种可以独立于肉体而存在和活动的精神要素，这就是灵魂。灵魂观念也就自然而然地产生了。

在初民的直觉类比思维看来，既然人在睡眠情况下灵魂可以脱离身体而自行活动，那么死便与此相类似，是灵魂对肉体的永久脱离，尽管人死之后尸体会腐朽归于

"无",但"灵魂"却可以飘荡而出,永不寂灭,因而灵魂一定是不死的,只是不知归于何处而已。灵魂不灭的观念,冲淡了对死亡的惊恐,缓解了生存焦虑;不仅如此,原始初民们执着地相信死者为鬼神,不仅可福佑于人,也能为祸于人。特别是祖先的神灵具有更大的神通,可以保佑后代免于灾祸,获得福禄寿。与死者神灵的沟通需要借助特定的途径和方法,于是基本的宗教形式就这样产生了。

在人类的早期阶段,由于人类对于自然及本身认识的有限性,因此不理解人为什么会死,死后会变成什么。在一个部落中,人们同劳动同吃住,他们之间互相依靠,都是集体的一员,对集体来说,每一个成员都是重要的,不可缺少的。一旦有人死去,其他人员就会感到不祥或灾难,以为有一种神奇的力量支配着人的生命,由此而产生恐惧感。这种恐惧感,首先表现在对死人的恐惧,其次就表现在对鬼的崇拜上。在先民看来鬼神是很难区分的。鲁迅在《中国小说史略》第二篇《神话与传说》中说:"天神地祇人鬼,古者虽若有辨,而人鬼亦为神祇。人神淆杂,则原始信仰无由蜕尽。"这就说明了先民鬼神不分的生命观念。由此,人的死亡就成了先民与神相通的中介。

通过死亡这个中介,伏羲、女娲、炎帝、大禹、后稷、弈等许多氏族首领具有了超人的神性。伏羲、女娲作为中华民族的始祖神,之所以历朝历代受到民间和官方的崇拜祭奠,本质上基于对死亡对神灵的崇拜。考古发现,在汉代大量的墓室里也刻有伏羲、女娲像,先民认为人死之后灵魂要返回传说中的故乡去,这故乡既是祖先的灵魂居所,也是人们死后都要去的另一个世界。

把对祖先崇拜和各神崇拜相结合,是中国宗教信仰的一大特色。对祖先的祭祀是先民生活中的一项重要内容。中国古代的祭祀,一般分三级:一是家庭内的祭祀;二是整个家族(同姓宗族)的祭祀;三是皇室(国家)的祭祀。中国古人根深蒂固的观念是"逝者为大"、"死者为神",更何况祭祀的对象又是祖先,所以祭祀中器具极尽精美、物品极尽丰富、过程极尽规范、心态极尽虔诚。正是在这种死亡的祭祀中使人体会到了血缘相继的神圣性,体会到家庭、家庭生命的完整性,体会到先人对后人的关注和保佑。

凡有生皆有死,面对死亡命运的并不仅仅是人类。但自然界的其他一切生物,无论生命长短,都不具备人类那种对死亡的深刻恐惧。当人类还处于"非人"阶段的时候,与其他动物一样,只是受生理本能的驱策而"生存"着,既不知"生",亦不知"死",生死皆受机体活动和自然界所控制。但当人脱离了动物而成其为人时,便不仅在生存着,不仅受身体本能和外界环境的支配,而且逐渐地知"生"、知"死",懂得用脑力、体力去改变周围的环境和条件。

……

尚未具备健全的智慧头脑的人类祖先,面对大自然的胁迫和自身的疾病创伤,不可能像今天的文明人那样机智和有办法，但求生的本能，再加上原始的种种符咒、祈祷等，使他们无数次在生与死的拼搏中，终于杀出一条淌满鲜血的生存之路。他们以生死智慧为跳板，超越了本能，创造出种种充满灵性的文化，进入文明状态。

中国古代的神灵信仰，是中国人最早思索生死问题的产物，也是中国生死智慧中最古老而又持续最久的一种。随着人类的逐渐成熟和社会生活的发展，随着道德体系的建构和美丑观念的确立，中国古人对生与死作进一步反思，把人同大自然的一切变化看作相互制约的整体，形成了“灵魂不死、天人合一”的宇宙观和生命观，在此基础上派生出儒家“杀身成仁”、“舍生取义”的生死智慧，道家的“生死齐一”的生死智慧，道教“永生不朽”的生死智慧，墨家“慷慨赴死”的生死智慧，法家“冷酷生死”的生死智慧，中国民间“阴间”与“阳间”的生死智慧，佛家“了生死”的生死智慧等等。形成了相当系统的学说，对中华民族的生存与生活产生了巨大的影响。

——摘自姜志刚的《中国上古神话中透视出的生死观》，三门峡职业技术学院学报，2006 年 6 月第五卷第二期

**思考题**：美与人的生存有关系吗？为什么？

# 第二章　园林美概说

## 第一节　园林美的概念及内容

### 一、园林美的涵义

关于“园林美”的概念，不同的专家学者有不同的定义。余树勋先生在《园林美与园林艺术》一书中定义为：“所谓园林美是指自然美加以‘人化’和人工模拟的自然美，其中都有不同程度的艺术加工。”周武忠先生所著的《园林美学》一书中定义为：“园林美是园林师对生活（包括自然）的审美意识（思想感情、审美趣味、审美理想等）和优美的园林形式的有机统一，是自然美、艺术美和社会美的高度融合。”张承安先生主编的《中国园林艺术词典》中定义为：“园林美指在特定的环境中，由部分自然美、社会美和艺术美相互渗透所构成的一种整体美。”

通过上述各位专家学者对“园林美”的定义，可以看出园林美的涵义应包括：(1)人化自然，(2)自然美，(3)社会美，(4)艺术美，(5)整体美。然而正如周武忠先生在他的《园林美学》中所说的：“园林美不是各种造园素材单体美的简单拼凑，更不能理解为自然美、社会美和艺术美的累加，而是一个综合的美的体系。”另外园林美应符合自然生态的规律，使园林美的概念更加完善。

因此，我们将“园林美”定义为：园林美是人们按照美的规律，对自然事物和社会事物进行艺术加工后，创造出来的人化生态环境。

### 二、园林美的内容

园林美是通过物质实体表现出来的人化生态环境美，它主要包括了自然美内容和社会美内容。

（一）园林自然美的内容与特征

自然美是指客观自然界中自然事物之美。园林的自然美是指人化生态环境中具备形式美的自然事物。是自然界原有的感性形式引起的美感。

1. 园林自然美的内容

纵观古今、横览中外，大多数园林都离不开由自然物质所构筑的自然美。自然美又可分为两大类：

一类是未经过人类加工改造过的自然美，如湛蓝的天空、洁白的云朵、柔和的月光、温暖的太阳，还有高耸的山峰、无际的大海、莽莽的草原、静谧的森林等等。像湖南的张家界、四川的九寨沟，美国国家公园、日本自然公园等，它们虽然未经过人类加工改造过，但都是通过人的选择、提炼和重新组织的大自然风景。这类自然美和社会生活的联系是以形式美为中介的，以它所特有的自然风貌，使人得到愉悦并获得美的享受。我国现在比较注重这类自然美的开发，如庐山的瀑布、黄山的奇峰、华山的险峻等自然景观都属于自然美的范畴。

另一类是经过人类加工改造过的自然美，它又可分为一般加工和艺术加工两种。属于一般加工的自然美，如我国西部沙漠的绿化、长江黄河的治理等；属于艺术加工的自然美包括园林艺术、插花艺术等。我国传统园林的自然美，遵循“虽由人作，宛自天开”的审美标准，使人感到自然原形的美貌。

2.园林自然美的特征

(1)多面性　由于自然物的属性是多方面的，人们通过联想使自然美具有了多面性。例如古代士大夫多以竹为美，居必有竹。晋有竹林七贤(阮籍、嵇康、山涛、刘伶、阮咸、向秀和王戎)，唐有竹溪六逸(李白、孔巢父、韩准、裴政、张叔明、陶沔)。但竹子的特性是多方面的，可以引起多方面的联想，它的美也就具有多方面性。唐代裴说的《春日山中竹》有：“数竿苍翠拟龙形，峭拔须教此地生。无限野花开不得，半山寒色与春争。”赞美竹子先于野花争春斗翠的强大生命力。宋代文同的《咏竹》：“心虚异众草，节劲逾万木。”由竹的内里虚空的形象联想到人的虚怀若谷的品质，由竹的节节分明联想到人的气节，而讴歌其美。清代郑燮的咏《竹》诗：“一节复一节，千枝攒万叶。我自不开花，免撩蜂与蝶。”是赞颂竹的不媚不谀，朴实无华；另一首《竹石》诗：“咬定青山不放松，立根原在破岩中。千磨万击还坚劲，任尔东西南北风!”则是赞颂竹的坚韧、坚定、坚强的精神。可见竹之美的丰富性。由于自然物同人类生活的联系是不确定的，这使自然物不仅具有美的不确定性，还在一定条件下具有美、丑两重性。同是杜甫，有时珍爱竹子，写诗道：“绿竹半含箨，新梢才出墙……但令无翦伐，会见拂云长。”有时却把竹当做丑的象征咒骂：“新松恨不高千尺，恶竹应须斩万竿。”可见人们通过联想使一根竹子的美具有了多面性，甚至走向反面——丑。

(2)变异性　自然美常常在发生明显的或微妙的变化，处于不稳定状态。时间上的朝夕、四时，空间上的旷奥，人的文化素质与情绪，都直接影响对自然美的评价。苏轼《题西林壁》：“横看成岭侧成峰，远近高低各不同。”说的是同一座山岩，由于观照的距离、角度不同，它所呈现的景观和美也就不同。同一自然物，由于人们的欣赏角度不同，获得了不同的自然美感。黄山“耕云峰”上有块奇石，如从皮蓬一带观看像鞋子，而在“玉屏楼”前右侧去欣赏，却像一只松鼠面对“天都峰”仿佛正要跳过去，因而又称“松鼠跳天都”。我国古代画家从不同季节观察山、水、云、木的变化，总结出不同的自然美。例如，山景四时是“春山淡冶而如笑，夏山苍翠而如滴，秋山明净而如妆，冬山惨淡而如睡”；水色是“春绿、夏碧、秋青、冬黑”；云气四时是“春融怡，夏蓊郁，秋疏薄，冬暗淡”；林木四时是“春英、夏荫、秋毛、冬骨”。

(3)两重性　自然美具有美、丑两重性。这是由于自然属性在人类社会中的作用不同，从而产生截然不同的审美评价。如：桃花以它艳美的芳姿为人所爱，人们常用她比喻美貌的少女。崔护的名句“人面桃花相映红”便是以桃花之美，烘托少女之美。但桃花的易于凋零，又会让人想到不坚贞，李白在《古风》中斥责桃花“岂无佳人色？但恐花不实。宛转龙火飞，零落早相失。讵知南山松，独立自萧瑟。”有的人甚至把桃花比做轻薄女子的无情：“开时不记春有性，落时偏道春风恶。东风吹树无休日，自是桃花太轻薄。”另外，一些通常当做丑的代表的自然物，有时也可以被作为美的对象来歌颂。如狼总被人认为是凶残和狡诈的象征，但在奴隶出身的古罗马寓言诗人菲德鲁斯笔下，却成为追求自由的勇士的象征而被赞美。后来裴多菲也写过《狼之歌》，尽情歌颂。即使是同一自然物的同一属性在不同条件下也可以成为美的或丑的审美对象。老虎有凶猛吃人的属性，人们常常把老虎与贪婪凶残联系在一起，成为丑与恶的对象，如人们把“笑里藏刀”的恶棍称为“笑面虎”，称狠毒的女性为“母老虎”等。但另一方面，老虎又具有旺盛的生命力和威武雄壮的特性，于是人们又把它作为审美对象，如：称赞体魄高大健壮的男子为“虎背熊腰”，形容圆脸庞浓眉大眼的男孩子“虎头虎脑”，描述有朝气的年轻人为“生龙活虎”等。

（二）园林社会美的内容与特征

社会美是指人类社会事物、社会现象和社会生活中的美。园林的社会美是指园林艺术的内涵美。

1.园林社会美的内容

园林社会美的内涵美源于生活，社会生活中的道德标准和高尚情操，寓入园林景物中，使人触景生情。这是园林特有的感性的、直观的效应，在人的感觉中发生作用。中国社会在千百年的发展中，人们通过园林审美而实现自我人格完善的事例不胜枚举。至今仍可从一些传世园林作品中，见到诸如“养真”、“求志”、“寄傲”、“抱冰”等等标举人格的园林题额；甚至皇家苑囿和官府私园也常以“澹泊敬诚”、“澡身浴德”一类的警句作为景区、景点之命名。

园林社会美的内容主要包括民族元素、地方元素和时代元素。

民族元素指园林的平面布局、空间组合、风景形象在内容与形式、结构体裁及艺术手法上，反映本民族的地理环境、经济基础、社会制度、政治文化语言词汇、生活方式和风土人情等方面的特性。这种特性，符合于该民族在长期的历史发展过程中逐渐形成的文化心理、思想感情和审美习惯，如意大利台地园、法国平地园、英国牧园、日本水石庭园和中国自然山水园，都表现了各自强烈的民族色彩。

地方元素指园林充满着浓郁的地方色彩。园林的地方元素是构成园林民族性的重要条件，是共性中的个性，地区的自然地理和风土人情，是构成园林地方性的因素，中国传统园林中最有地方性特色的有江南园林、北方园林和岭南园林。江南园林重雅素，北方园林主华美，而岭南园林兼有南北之长，于华美中见雅致。

时代元素指园林在不同历史时期、不同社会发展阶段，所表现的不同特性。如秦宫汉苑规模巨大，是中国统一大帝国发展初期那种宏伟气势的象征；魏晋南北朝园林以自然山水为特色，反映了当时士人山水文化与隐逸情趣的风尚；现代园林又以崭新的风貌，反映着新时代继往开来的社会文化特征。如北京的菖蒲河公园，园中的艺术园圃、雕塑小品、四合院民居建筑都各具特色，公园将历史文化、自然生态、现代人文景观有机地结合在一起，实现了古朴与华丽相依、时代与传统相伴、古代文化与现代文明交相辉映的特色。菖蒲河是一条蕴含民族文化精华的历史文脉河，也是一个“京味”十足的现代园林。

2.园林社会美的特征

(1)娱乐性　指园林能调节人们的精神生活和解除紧张劳累的状态，使人们获得身心平衡的作用。园林的娱乐性常与文化休闲、体育活动相联系，并常常寓爱国主义和科普教育于娱乐之中。

(2)稳定性　指园林所表达的社会美内容是相对稳固而确定的，体现了当时人们的社会生活和审美意向，不是个人联想或想象的结果。如承德避暑山庄，正宫的全组建筑基座低矮，梁枋不施彩画，屋顶不用琉璃；庭院的大小，回廊的高低，山石的配置，树木的种植，都使人感到平易亲切，与京城巍峨豪华的宫殿大不相同。当今天的游人步入避暑山庄时，仍然可以感受到平和与朴素的审美气息。

(3)正面性　指园林艺术以其鲜明的、健康的形象，达到引导游赏者直接净化身心的境界。园林艺术与其他艺术有所不同，许多艺术形式可以通过丑的事物来反衬美的事物，从而加强美的事物的感染力。园林艺术则不然，人们从园林设计开始就不允许假、丑、恶的事物出现。

(三)园林的生态美

1.生态与生态美

“生态”一词源于希腊文，原意是“人和住所”。19世纪中叶，生物学家借用它来表示“生物与环境的关系”。后来，日本学者译为“生态”，即“生存状态”的意思。现在人们把存在于生物与环境之间的各种因素和相互关联、相互作用的关系叫生态。

生态美是生命与其生存环境相互协调所显现出来的和谐之美。生命与环境之间的交流与融合是那么的准确而有秩序，好的生态环境就像一部交响曲，生命犹如交响曲中的乐音，组成整个环境的乐句，奏响生态美的篇篇乐章。如果用挑剔的目光判研“好的生态环境”与“好的交响曲”的高与低，那么生态环境的高度和谐之美妙是任何交响曲都无法比拟的。

生态美与传统的自然美有联系但也有区别。生态环境是指由生物群落及非生物自然因素组成的各种生态系统所构成的整体，主要或完全由自然因素形成，并间接地、潜在地、长远地对人类的生存和发展产生影响。生态环境的破坏，最终会导致人类生活环境的恶化。生态环境与自然环境是两个在含义上十分相近的概念，有时人们将其混淆，但严格说来生态环境并不等同于自然环境。自然环境的外延比较广，各种天然因素的总体都可以说是自然环境，但只有具有一定生态关系构成的系统整体才能称为生态环境。仅有非生物因素组成的整体，虽然可以称为自然环境，但并不能叫做生态环境。从这个意义上说，生态环境仅是自然环境的一种，二者具有包含关系。生态美是具有一定生态关系构成的系统整体所显现出来的和谐之美；自然美是指客观自然界中所有自然事物之美。

人对园林生态景观的审美体验，是地球生物圈在进化过程中创造出来的、为进一步完善地球生态系统的信息交流功能而产生的。对生态美的体验存在于生态系统之中，是人通过与生物亲密地融合而得到的美感。地球大园林中的河流、雨林、旷野、冰川和所有生命种群，都是作为生态的一部分而存在。人与生物圈的整个生命系统紧密相连；人与所有的生命浩然同流；人沉浸融糅于自然之中，生存着与生产着自身的生命，欣然享受生命创造之美的无穷欢乐。

生态美是天地之大美，是人与生态环境和睦相处之大美。人要和所有生命打成一片，同呼吸、共命运，与天地万物融为一体，以达到“天人合一”的崇高境界。当然，对生态美体验的这种同一性境界，不应理解为完全消除生命的个性差异，由浑沌进入虚无，追求无差别的绝对同一。而是既包含着所有生命的差别，但又不执着于这种差别，努力超越物我对立，克服由于自己与万物的差别性而产生的隔离，冲破狭隘的自我中心主义的封闭，感受与创造生态美的胜境。

2.园林生态美的特征

园林的生态包含了两个系统的协调：一是园林内部生态系统的协调，二是园林内部生态系统与园林外部生态系统的协调。由此看来，园林的生态美应该是指园林内部生态系统及其与外部生态系统的和谐一致。

园林的生态美有如下特征：

(1)生命之美　园林的生态美是以生命过程的持续流动来维持的。无论是园林中的花草树木，还是鱼虫禽兽，都以其旺盛的生命状态、斑斓的色彩、异样的情趣，令人振奋，给人美感。

(2)和谐之美　生命之间相互依赖、互惠共生以及与环境融为一体展现出来的美是多层次的、丰富的。这种美通过一定空间中的生态景观得以体现，园林中具有生态美的一些布置、合理科学的人工生态景观也体现着这种和谐的特征。城市中的园林、文化景观和自然风景相融合的旅游区都充分地观照了自然环境中的地形地貌、山水草木等因素，使人为的建筑与特定地区的生态环境相协调。而不是单纯从人文经济方面的功能着眼，粗暴地破坏与环境的和谐关系，使人产生感知上较高的审美效果。

(3)共生之美　所谓"共生"是指共同生存。如果从整个地球着眼，可以把地球生态美看作是由共同生存而形成的美。园林生态的共生之美，可以唤醒人们的良知：竞争是为了生存与发展，但竞争不等于贪婪。贪婪不仅毁灭其他，最终将毁灭自身。园林是各种显隐性因素的共生体，共生之美是一种有益的启迪，这种启迪虽然不那么感性与直观，但是无论人们走进罗布林卡、登上庐山，还是感悟圆明园、游览拙政园，或多或少会通过园林而反过来观照人类自身的自然属性和社会属性，只是观照的程度根据个体的内涵有深有浅罢了。

3.生态美感

如果我们将"生态"简单理解为"生存状态"或"生命状态"的话，那么人们对生态美的深刻感知就不应停留在外在的颜色、形态、对称性等感性直观形式方面，而是要深入到包含着与生命存在紧密相关的生态规律和道德规范的内容中去，将真、善、美的知识有机地统一起来。

生态美感是人的智力结构中多种知识的综合作用。如果我们不知道生命起源、生态系统的形成和演化的起码知识，那么我们就不能领会到地球生物圈在漫长的进化过程中的创造之美，也不能深刻地感受到生态系统中生物多样性及其和谐的共存之美。同样，如果我们不具备人类的道德规范，不能超越"人类中心论"的传统伦理观，不把所有生命物种的共同利益当做人类道德的基础，我们就不能懂得自然生态系统对所有生命的意义，也无法理解那种把自己的生命融入进自然的心态，更无法体验生态美博大而渊深的含义。

生态美是伟大的美，它具有崇高的审美意味；生态美是活生生的美，它不仅给人以感性上的愉悦，更能使人通过静观默想加深、提高审美体验。

## 第二节　园林美的时空性和综合性

如上所述，园林的自然美和生态美都离不开整体的自然环境，园林的变化与整体自然环境的时空变化密切相连；同时园林是由众多单体组合而成，它的综合性甚为突出。

**一、时空性**

（一）中西方的空间观

古希腊时期的毕达哥拉斯学派，从数量比例观点出发，寻求美的形式因素，他们认为完整的圆球形和“黄金分割”的比例最完美。这种源于数学、几何学的认识，一直影响到西方学者和艺术家对空间美的理解，认为空间和实体的美都同样应该从数学、几何学中去寻找。其空间概念是稳定而可触及的物质存在，所以笛卡儿（1596—1650，著名的法国哲学家、数学家、物理学家，解析几何学奠基人之一）认为：“空间和物体实际上没有区别”，在这种观念的影响下，文艺复兴时期的意大利园林就是按照建筑原则设计的。本世纪初，随着工业革命出现现代建筑运动，建筑创作中出现流动空间和室内外相结合的空间。随着环境学和生态学的兴起，西方园林中又出现大规模的“国家公园”，这种园林类型，有些类似于中国的风景区。但它们之间在审美意识上还是存在着较大的差异。

中国的学者、思想家和艺术家对空间的理解，大可达渺无边际的不可触及的“太玄”，小可至庭院一角。嵇康（223—262，三国时期魏末琴家、文学家、思想家）说：“俯仰自得，游心太玄。”陶渊明（365—427，东晋时期诗人、辞赋家、散文家）说：“采菊东篱下，悠然见南山。”王羲之（321—379，有“书圣”之称）说：“仰观宇宙之大，俯察品类之盛。”杜甫（712—770，盛唐大诗人）说：“窗含西岭千秋雪，门泊东吴万里船。”这些都是中国人的空间观点与空间概念的写照。

（二）中国园林的时空

中国园林是动静交织的艺术，园在动静中成景，人在动静中观景，完美地体现了园林的时空性。如山静泉流，水静鱼游，花静蝶飞，树静风动，石静影移；或漫步曲径，或泛舟池中，或信步游廊、攀假山、钻幽洞、渡曲桥，或驻足台榭、小憩亭阁、品茗厅室、留步庭除。这种动静结合，寓静于动，寓动于静，使时间与空间融为一体。

中国园林的借景是使时空变化的技巧之一。主要有：

1.远借

即在不封闭的园林中看远处的景物。例如靠水的园林，在水边眺望开阔的水面和远处的岛屿。

2.邻借

即在园中欣赏相邻园林的景物。

3.仰借

即在园中仰视园外的峰峦、峭壁或邻寺的高塔。

4.俯借

即在园中的高视点俯瞰园外的景物。

5.应时借

即借一年中的某一季节或一天中某一时刻的景物，主要是借天文景观、气象景观、植物季相变化景观和即时的动态景观等等。

中国园林讲究因时、因地攫取外在自然的一切美的信息，使空间不受界面的限定。

在时间上，中国园林巧妙地利用朝夕、四时等时间变化，随着时刻、季节、气候与气象的变化，出现不同的景象，给人以不同的美感。如前所述，山景四时是“春山淡冶而如笑，夏山苍翠而如滴，秋山明净而如妆，冬山惨淡而如睡”；水色是“春绿、夏碧、秋青、冬黑”；云气四时是“春融怡，夏蓊郁，秋疏薄，冬暗淡”；林木四时是“春英、夏荫、秋毛、冬骨”。

在空间上，中国园林有丰富的空间美，造园中要采用种种艺术处理手法，如大小结合，大中见小，小中见大；虚实结合，实中有虚，虚中有实；收放结合，先收后放，先放后收。通过种种艺术技巧，赋予空间以生命力，加强了空间的感染力，提高园林的审美价值。

我国园林，尤其是我国古典园林四时有景，随时可游，空间虽小，耗时反多，时间似乎成为空间的补充，因此，中国园林是典型的时空综合艺术。

**二、综合性**

园林美的综合性是指园林美综合了自然美、社会美、生态美；综合了符合美的规律的人化与非人化的事与物。这种综合性不是简单的堆砌、生硬的挪搬，而是通过艺术技巧将其有机地融为一体。园林美的综合性以自然综合、人文综合较为明显。

(一)自然综合

园林中主要综合了石、水、植物、动物等自然物。

1.石

对于石的审美我国历来十分讲究，著名的三大名石有太湖石、英石、黄石。太湖石形态奇异，以其柔曲圆润、玲珑多窍、皱纹纵横、涡洞相套给人以美感，人们常用“瘦”、“皱”、“漏”、“透”四个字来形容它的审美特色。英石充满沟、缝、孔、洞的奇形怪状，并具有“皱、瘦、透”三个特点。黄石表面十分光滑而呈现醒目的黄褐色，并显露油脂状或蜡状光泽，给人以柔和舒适的美感。由于黄石主要由二氧化硅所组成，因而石质坚硬，裂隙孔洞少见，这是它与太湖石和英石截然不同之处。园林所用多为太湖石和英石，黄石多用于印章。

2.水

水是流动的、不定形的，与山的稳重、固定形成鲜明对比。园林中的水面还可以划船、游泳，或做其他水上活动，并有调节气温、湿度、滋润土壤的功能，又可用来浇灌花木和防火。水中的天光云影和周围景物的倒影，水中的碧波游鱼、荷花睡莲等，使园景生动活泼，所以有“山得水而活，水得山而媚”之说。园林的理水，常见类型有以下几种：

（1）水源　或为天然泉水，或园外引水或人工水源。泉源的处理，一般都做成石窦之类的景象，望之深邃黝暗，似有泉涌。水源现在一般用自来水或用水泵抽汲池水、井水等。苏州园林中有导引屋檐雨水的，雨天才能观瀑。

（2）泉瀑　泉为地下涌出的水，瀑是断崖跌落的水，园林理水常把水源做成这两种形式。瀑布有线状、帘状、分流、叠落等形式，主要在于处理好峭壁、水口和递落叠石。

（3）渊潭　小而深的水体，一般在泉水的积聚处和瀑布的承受处。岸边宜做叠石，光线宜幽暗，水位宜低下，石缝间配置斜出、下垂或攀缘的植物，上用大树封顶，造成深邃气氛。

（4）溪涧　泉瀑之水从山间流出的一种动态水景。溪涧宜多弯曲以增长流程，显示出源远流长，绵延不尽。多用自然石岸，以砾石为底，溪水宜浅，可数游鱼，又可涉水。

（5）河流　河流水面如带，水流平缓，园林中常用狭长形的水池来表现，使景色富有变化。河流可长可短，可直可弯，有宽有窄，有收有放。

（6）池塘、湖泊　指成片汇聚的水面。池塘形式简单，平面较方整，没有岛屿和桥梁，岸线较平直而少叠石之类的修饰，水中植荷花、睡莲、荇、藻等观赏植物或放养观赏鱼类，再现林野荷塘、鱼池的景色。湖泊为大型开阔的静水面，但园林中的湖，一般比自然界的湖泊小得多，基本上只是一个自然式的水池，因其相对空间较大，常作为全园的构图中心。

另外，园林中的水还有喷泉、几何型的水池、叠落的跌水槽等，多配合雕塑、花池，水中栽植睡莲，布置在现代园林的入口、广场和主要建筑物前。

3.植物

园林植物是园林景观中必不可少的审美要素，所谓“庭院无石不奇，无花木则无生气”。园林植物除了具有组景、衬景、赏景的风景艺术价值外，还具有改善局部气候、环保抗灾的生态作用。园林植物一般分为乔木、灌木、藤本、草本，按观赏性能可分为赏花、赏果、赏叶、赏香和赏形五大类。只有根据园林空间的特点，将各种不同颜色、不同习性、不同花讯、不同栽培要求的植物，进行科学的栽植与艺术的组合，并有节奏、有韵律地利用形、香、色演绎各种组合景观，才能够达到预期的观赏效果。

赏形是园林植物审美的一个重要方面。苍柏古雅苍劲、古榕浓郁蔽天、红棉刚直不阿、梅枝傲雪横溢，给人以崇高悲壮的美感；香桉潇洒俏洁、柳枝纤柔垂拂、翠竹节显枝扬，给人以优美清雅的美感。由于植物的属性不同，又有赏叶的、赏枝的、赏冠的以及赏杆的等等，给人的美感各不相同。

赏色是园林植物所独具的魅力。赏色植物不仅具有美丽的色泽，还经常赋予环境某种特定的寓意。红色花象征热情；黄色花象征光明；白色花象征纯洁……深浅不同的绿叶不仅给人以层次感，还给人以青春、活力、生命的美感。

赏香可分为浓香、清香、幽香等等。园中通过合理配置，可以营造出诗情画意，引人遐思的意境。

4. 动物

园林中的动物主要包括鱼、虫、鸟、兽等。人类最早的园林内主要欣赏的是动物。

我国园林起源于商末的“囿”。“囿”最初是圈养禽兽供帝王狩猎用的，一般都利用自然的山峦谷地围筑而成，占地面积很大。《史记》记载了纣王在都城之北营建沙丘苑台的情况：“多取野蜚虫兽置其中，以供乐戏。”这沙丘苑台就是“囿”。《诗经·大雅·灵台》上也说：“王在灵囿，麀鹿攸伏。麀鹿濯濯，白鸟翯翯。王在灵沼，於牣鱼跃。”诗中所写的灵囿，其实就是养有禽兽的动物园，灵沼就是饲养鱼类的池沼。诗中还描述了园中鸟兽鱼类活泼驯服的景象。虽然囿里的自然地貌已经过人工改造，已包含着对美的追求，但是那时候的人们对自然界景观的认知还停留在蒙昧的阶段，所以“囿”还不具备园林的主要性质。

在国外，大约是公元前1500年左右，埃及法老苏谟士三世也有自己的动物收藏。他的继母、女王哈兹赫普撒特还派了一支远征队到处收集野生动物，远征队的5艘大船运回了许多珍禽异兽，包括猴子、猎豹和长颈鹿，还有许多当时人们还不知道怎么称呼的动物。

中外帝王在园内所观赏和乐戏的主要对象是人工豢养的珍禽异兽，其他景色还没有被人们作为美的对象予以注意。那时的动物收藏虽然是统治者权势的象征，但在动物收集和饲养过程中，人们开始逐渐了解了动物和自然，并开始积累驯化动物的知识。

现在人们把在具有园林特色的环境中，集中饲养、展览和研究种类较多的野生动物及附有优良品种家禽家兽的场所称之为动物园。动物园的英文是“zoo”，源于古希腊语的“zoion”，意为“有生命东西”，进而发展成“zoology”，意思是研究有生命的东西（动物）的学问。所以目前国外众多动物园的全称是“某某 Zoological Park”或者“某某 Zoological Garden”，中文字面含义就是“研究动物的公园”。

随着环境污染的加剧，生物多样性的减少日益严重。物种灭绝速率由过去100年一个物种灭绝加速到1年、1天、1个小时一个物种灭绝。野生动物的灭绝大部分是由于人类的贪婪与无知造成的。为了唤醒大众的环境意识，保护人类共有的家园，世界各地都在呼吁对野生动物的保护。我国于 1988 年 11 月 8 日第七届全国人民代表大会常务委员会第四次会议通过了《中华人民共和国野生动物保护法》。野生动物是指生存于自然状态下，非人工驯养的各种哺乳动物、鸟类、爬行动物、两栖动物、鱼类、软体动物、昆虫及其他动物。野生动物可分为四类：①濒危野生动物，如大熊猫、虎等；②有益野生动物，指那些有益于农、林、牧业及卫生、保健事业的野生动物，如肉食鸟类、蛙类、益虫等；③经济野生动物，指那些经济价值较高，可作为渔业、狩猎业的动物；④有害野生动物，如害鼠及各种带菌动物等。

在 21 世纪的今天，动物及野生动物的保护工作已不再局限在一个园区或一个国家之内，这项工作正在扩展到我们复杂生物圈上的每一个结点，在广袤的大自然中去保护生物的多样性。

（二）人文综合

园林人文综合是指园林中所显现的社会文化内容，主要指政治、民俗、文艺等等。

1. 政治内容

政治人物的命运构成了园林的主题，使园林彰显出社会政治的内涵。

如拙政园。王献臣是明朝嘉靖年间御史，他在朝中与权贵倾轧，官场失意遂回乡造园隐居。为了给园林命名，他取晋代潘安《闲居赋》中“庶浮云之志，筑室种树，逍遥自得。池沼足以渔钓，舂税足以代耕。灌园鬻蔬，以供朝夕之膳；牧羊酤酪，以俟伏腊之费。孝乎唯孝，友于兄弟。此亦拙者之为政也”之意，自我解嘲，因而取园名为“拙政”。

再如一天园。康有为，字广厦，号长素，广东南海人，人称“南海先生”，近代学者，改良派领袖。他在戊戌变法失败后，于 1921 年隐居在杭州西湖，在一天山建造了一座宅园，取名“一天园”。一天园借湖光山色入园，收烟柳人家入画，环境清雅幽静。园名既借一天山之名以切其地，又含“别有天地在人间”的意蕴。园名还与园主落索的境况以及佛教“无常”的观念相契，反映了康有为当时“躲进小楼成一统”的心态，抒发了“一花一世界，一叶一如来”的处世情怀。

2. 民俗内容

园林不仅有社会政治内涵，还融有民间传说、人物轶事等内容。

如秦始皇与虎丘的传说。秦始皇东巡到苏州，准备到虎丘发掘吴王阖闾墓，寻求吴王宝剑。始皇走近阖闾墓，却见一只白额金睛猛虎蹲踞在坟头。始皇立即拔出佩剑飞击猛虎，结果没有击中，却误中石上。猛虎向西逃跑，失去踪迹。始皇走后，这只猛虎仍回原处，占山为王，危害生灵。神僧寒山子，有人说是文殊菩萨，他的坐骑青狮，恼恨白虎作恶，就趁文殊闭目养神之际潜出山门，直扑虎丘，经一番恶斗，终于把白虎斗死。青狮也因触犯戒律，跌落在枫桥之南化作石山，这就是苏州的狮子山。

再如石崇与金谷园的故事。石崇是晋朝大司马石苞之子，字季伦。在担任荆州刺史期间，常派人暗地抢劫远使、客商，大发横财，故在邙山构筑大型园林——金谷别墅。据石崇所记："在金谷涧中，或高或下，有清泉茂林。花果、松柏、药草之属，莫不毕备。又有水碓、鱼池、土窟。其为娱目欢心之物备矣！"金谷园亭台楼阁鳞次栉比，屋宇厅堂华丽炫目。挥金如土的石崇，与皇亲王恺斗富，在园内外摆设五十里锦帐，建筑墙面用花椒作涂料，烹调美味用蜜蜡作柴，歌女婢妾艳如宫女。每日膳食，尽是水陆之珍，人间奇味。石崇和他的亲眷、宾朋"昼夜游宴、屡迁共坐，或登高临下，或列坐水次，或琴瑟笙筑，合载车中，道路并作。及住，令鼓吹迭奏……各赋诗以叙中怀"。金谷园里"画阁朱楼尽相望，红桃绿柳垂檐向"。有进泉、龙鳞泉喷珠溅玉。国内珍禽异兽，国内少有的各种佳果挂满枝头。花坛里中外名花芬芳扑鼻，池塘里菱荷竞美，鱼跃蛙鸣。还有姬妾使女、歌舞乐队、戏班杂技样样俱全。豪华骄奢，空前绝后。后赵王司马伦夺权，石崇被牵连免官。接着赵王的心腹大臣孙秀乘机派兵到石崇家去要美女绿珠，石崇不给，竟遭灭门抄家之灾，绿珠也被迫跳楼自杀。今日金谷园只有遗址可寻，而"绿珠坠楼"的故事却广为流传。

3. 文学艺术

我国园林中积淀了不少的文学艺术形式，如楹联、绘画、诗词等。在此仅举园林楹联一例。

楹联在我国园林中处处可见。如承德避暑山庄联，"六月无暑，九夏生风；峰回路转，曲径通幽。"避暑山庄又名承德离宫，是清代皇室避暑和处理政务的宫苑。此联盛赞避暑山庄的夏日佳境。上联直言"六月无暑"而清风徐徐，使人倍感清凉爽快；下联描绘"峰回路转"的自然景观，花木掩映，曲径通幽，一个清凉的世界使人无比舒适惬意。联语朴实无华，短短 16 个字便勾画出一幅隽妙的"消夏图"。

又如豫园联，"莺莺燕燕，翠翠红红，处处融融洽洽；风风雨雨，花花草草，年年暮暮朝朝。"豫园在上海旧城厢东北，建于明代嘉靖三十八年(1559)，是一座占地 70 余亩*的江南名园。此联采用叠字联句将园林的花草精神、气象风光写得别具一格。上联写的是园中到处怡红快绿，莺歌燕舞，春光一片，是为园中眼底实景；下联写的是一年一度，一朝一夕，风风雨雨之中的花草，一荣一枯，自开自落，读来平添一缕惆怅。

再如豫园得月楼联，"楼高但任云飞过；池小能将月送来。"楼名来自宋代苏麟的诗句："近水楼台先得月"。此联紧扣楼名，暗寓理趣。上联写楼阁虽高，却任云烟过眼，转瞬无迹；下联写园池虽小，却能将明月送来，与人共赏。得月之境，婵娟之趣，尽在其中。

园林美的时空性和综合性所涉及的内容比较繁多，在此仅做简洁介绍。

---

* 1 亩≈666.67 平方米，下同。

## 阅读(二)　拙政园

拙政园位于苏州城区东北隅娄门内，占地约72亩，是苏州最大的古典园林。园址在唐代诗人陆龟蒙的住宅，元时建有大宏寺。明正德四年(1509)，因官场失意而还乡的御史王献臣，购下大宏寺遗址和附近的低洼地营建园林，并取晋代潘岳《闲居赋》中"灌园鬻蔬，以供朝夕之膳，……是亦拙者之为政也"文意，取名为"拙政园"。园主与当时画坛吴门派领袖文徵明是好朋友，故邀其共同进行规划设计：因低凿池，因高堆山，又随意点缀花圃、竹丛、果园、桃林，并错落构置堂、楼、亭、轩于园中，使这座园林一开始就具有清秀典雅的自然风貌。明嘉靖十二年(1533)，文徵明依园景绘成拙政园图31幅，并各题以咏景诗，又作《王氏拙政园记》，记录了建园之初的自然雅朴的景象。王献臣去世后，其子一夜赌博将园输给徐氏，清人袁学澜曾有绝句"十亩名园宰相家，花时门外集香车，百年堂构经纶业，只付樗蒲一掷奢"来感慨是园命运之多变。徐氏子孙后亦衰落，园渐荒废。

明崇祯四年(1631)，侍郎王心一购得园东部废地十余亩，悉心经营布置丘壑，因慕东晋陶潜隐士风骚，取名为"归田园居"。中有秋香楼、芙蓉榭、泛红轩、兰雪堂、竹香廊、啸月台、放眼亭等景，当时诗人沈德潜曾作《兰雪堂园记》来赞美园景，后来园林亦渐荒废。园林中、西部的兴衰变化较多。清初名士钱谦益(牧斋)曾构曲房于此，安置金陵名妓柳如是。后来大学士海宁陈之遴购得花园，重加修葺，多置奇花美石，其中有珍贵的宝珠山茶花，冠绝当时江南文人园林。康熙元年(1662)，因园主获罪，园没为官产，随即改为兵备道行馆，成为苏州一处府署花园。后来陈之遴案平反，花园发还其子，不久即售与吴三桂之婿王永宁。在吴三桂举兵反清被歼之后，王永宁自尽，花园又归公，改为苏松常道新署，康熙二十三年(1684)，康熙帝玄烨南巡曾到过此园。以后苏松常道署裁撤，园林颓圮，渐渐散为民居。乾隆初年，太守蒋棨修复了中间部分花园，取名为"复园"；太史叶士宽购得西部旧地营建"书园"，拙政园便成为相互分离的几座小园林。其中复园景色最佳，当时文坛名人如袁枚、赵翼、钱大昕等均游赏过，并有觞咏诗文留存，盛极一时。

咸丰十年(1860)，太平军攻占苏州，忠王李秀成以复园为主，加上东西两面的民宅及花园合建忠王府，对花园进行大规模改建，然而园未完工，李鸿章便攻破苏州，忠王府成了他的江苏巡抚行辕。同治十年(1871)，能书善画的张子万任江苏巡抚，在他带领下，又一次大规模对园林进行修整，由于有艺术修养很高的官员主持工作，拙政园初建时的自然雅洁风格渐渐恢复，中部格局如远香堂、玉兰堂、枇杷坞、柳堤等景点基本保留至今。

吴县富商张履谦于光绪三年(1877)购得破残不堪的西部,请画家颐若波等人共事修葺,取名补园。又新建了卅六鸳鸯馆、十八曼陀罗花馆、拜文揖沈之斋,装修精细华丽,使花园具有典型的晚清园林风格。

此后,连年兵燹战乱,园林残破不堪,直到建国后,拙政园才得到了新生。1951 年划归文物部门管理,延请专家名匠整饬修复,中、西部于 1952 年竣工并接待游人。1960 年东部又修整完工,历史上分开的三部分又重新合而为一。一代名园重放光彩,1961 年经国务院批准,成为全国第一批重点保护的古典园林。

拙政园山青池广、竹木掩映、建筑得宜,风格隽雅而疏朗,是明清江南文人私家园林的典型代表。全园大致可分成东、中、西三个相对独立的景区。东部是在荒废已久的归田园居旧址上新建的,主厅为兰雪堂,堂东北的一泓清池边,有芙蓉榭,另有天泉亭、黑松冈、秫香馆、涵青亭等景。这一部分较为开朗,其构思布局既继承传统,又有创新,使古朴的竹坞曲水景色与自然的松冈山岛风光互衬互补,相映成趣。

中部是拙政园的精华所在,留有许多著名景点,这部分的景色以自然的山池风光为主调。中间大水池有聚有分,清广而漫远,约占总面积的五分之二。池南岸紧接住宅区,所以厅堂亭榭较为集中,围绕着主题风景,开敞的、半开敞的以及封闭的小院一个套一个,很有特色,可以说是从住宅延伸过来的休憩之处。池北岸则山池树木并重,其丘壑布局尚保留明代遗风,疏朗而有野趣。池中偏北,置有一大一小两座山岛,将池水分为南北两部:山南水面开阔,山北溪涧环流,池西南又分流导出为小沧浪水院,非常幽邃曲折,另有支溪或断或续,萦回于亭馆林壑之间。中部主要景点如梧竹幽居、见山楼、绿漪亭、香洲、南轩、远香堂等均面水而立,造型多样别致,再联络以各式游廊曲桥,使得这一部分景色真正做到了“隐现无穷之态,招摇不尽之春”。

西部也是以水池为中心,池南建有拙政园唯一的、由两种不同木构架组成的一座鸳鸯厅:北为卅六鸳鸯馆,南为十八曼陀罗花馆;厅西有一条曲折小溪,向南流去,直达住宅部分;厅东叠石为山,登山可隔墙眺望中部山池,故建亭名“宜两”。山南是一泓曲尺形清池,池西岸是一带游廊,滨水凌波而建,曲折自然,直通此区东北隅的倒影楼,廊壁墙上开有各式花窗,循廊漫步,中部景色若隐若现,是江南园林游廊中的佳作。与鸳鸯厅隔池相望的是一座山岛,假山顶建有笠亭,临水筑有与谁同坐轩。岛西北另有一土山,山上置有浮翠阁,为全园最高点,是登高远眺之处。与中部相比,西部建筑较密,装饰华丽,景色基本保留了晚清补园时的风貌,是拙政园中一个饶有趣味的别有洞天之所在。

——摘自陈从周主编的《中国园林鉴赏》,华东师范大学出版社,2001 年 1 月第一版

**查资料**:拙政园有哪些著名的亭?

# 第三章　园林的形式美

园林的形式美是指园林整体以感性形式直接引起人们视觉美感和听觉美感。许多专家学者对形式美曾经做过许多深入的研究，为我们认识园林的形式美提供了重要的理论依据。在研究园林的形式美之前有必要对形式美的基本内容进行一些了解，以便为研究园林的形式美打下基础。

## 第一节　美的形式与形式美

### 一、形式与内容

形式与内容是一对重要的哲学范畴。在自然界和社会界中，一切事物都可以分解为形式与内容两部分。所谓内容，就是构成事物内在要素的总和，是事物的本质方面，实质所在；所谓形式，就是内容的内部结构（或曰结构方式）及外观表现。二者虽有区别，却是一种统一存在的关系。在这种统一关系中，内容是主要的，起决定作用。但这种决定与被决定的关系不是机械的，而是辩证的。形式对于内容不是消极的、可有可无的，而是积极的、必不可少的。没有一定的形式，内容就无法表现，人们也无法感知和掌握它。

形式作为内容的存在方式，又分为内形式与外形式。内形式是内容诸要素的内在结构方式，与内容的关系是直接的、有机的、密不可分的；外形式是与内在结构相关联的外部表现形态，与内容的关系比较间接，可以同内容相分离。例如一座园林建筑物，它采用的砖石结构、土木结构、混凝土结构、钢铁结构以及它们的各种组合关系，便构成了园林建筑物的内形式，这主要是由建筑物的使用功能和经济规律决定的。园林建筑物的外形式则是由一系列装饰性处理和附属装饰部件构成的外观风貌，直接作用于人们的视知觉，这种外形式与其内容的关系是间接的，但与审美的关系却是直接的、密切的。如园林建筑物的层次、色彩、门窗式样等等，还有那高耸入云的尖塔，或飞檐凌空的大屋顶，以及墙壁上的图画、浮雕等等，可以说是“与内容不相干的外在存在”，但却起着一种装饰美化作用或表现某种象征意义。再如一座金碧辉煌的宫殿，勿须走进殿内，一眼望到它华美的外观就可以使你赞不绝口，这正是一种美的形式的力量。一般地说，事物的外形式往往都是人们按照美的规律来设计与建造的美的形式。

## 二、美的形式

人们在建造园林时往往追求一种美的形式，一座园林没有美的形式，不可能成为大家的审美对象。在日常生活和生产劳动实践中人们也尽可能地美化各种形式。例如，生活器皿、生产工具等的造型，不仅要求方便实用，也要求美观或符合某种特定的审美要求。按照美的规律来建造园林，实质上就是指园林美的形式创造。这种园林美的形式创造，服务于人们实用目的——休闲娱乐需要，与社会性有紧密的联系，同纯粹艺术创造有一定的区别。

现在出现了两个问题：形式与美的形式有何不同？美的形式与形式美有何不同？

### （一）形式与美的形式

“形式”或者确切地说“一般形式”，是指普通事物的表现形态或存在方式，而“美的形式”是属于美的事物形式。同样一种内容，如果以美的形式表现，它便是美的事物，否则就是普通事物。如：同样是一张人体图，中医学的“针灸穴位图”其人体比例恰当、穴位准确（见彩图 3-1），但它只是为了实用，不是为了审美，所以“针灸穴位图”属于一般形式；而绘画艺术中的人体图（见彩图 3-2），则具有了美感，是美的形式。

一般形式可以是感性具体的，也可以是抽象的。如门窗、桌椅的形状等等，都是具体可感的一般形式；由概念、推理、判断构成的逻辑体系，由数字和符号组成的数学公式等等是抽象的，也属于一般形式，如 $a^2+b^2=c^2$。美的形式必须是感性的、具体的，并且符合形式美的创造法则。人类创造一般形式，包括认识自然物的形式，都是为了实用的需要，而美的形式却是为了满足人们的审美需要，或者把审美与实用结合起来。如现在的服装不仅能满足人们的实用需求，同时也能满足人们的审美需求。

### （二）美的形式与形式美

美的形式不能离开具体内容，离开了具体内容，也就无美可言。如柳树的柔美、松树的壮美，独立傲雪的梅花、娇艳可人的桃花等等，都离不开本身的、具体的美，这种形式属于美的形式。因此，美的形式只是美的对象的感性外观，不是美的独立存在。

形式美却可以不依赖具体内容，而具有独立的审美价值。如黄河流域文化遗址出土的陶器，陶器上的图案是人们在实践中不断将其演化而来的（见彩图 1-25），最后形成了可以独立存在的形式美的图案。形式美的事物很多，在我们日常生活中广泛存在。美的形式是表现一定内容的，是具体事物的感性形式，其内涵具体而有限；形式美却表现一种抽象意义，是抽象事物的感性形式，其内涵宽泛而界限模糊。

## 三、形式美

形式美是由美的外在形式经过漫长的社会实践和历史发展过程逐渐形成的。如前所述，事物的外在形式，比较间接地表现一定的内容，因而它可以脱离内容而独立存在，尤其经过反复使用、仿造复制，原有的具体内容便逐渐模糊而具有了抽象意义，久而久之人们不去追究具体内容，而演变为一种规范化的形式。如，波状线和蛇形线，作为形式美曾被某些美学家称做是最美的线条，但它们作为形式美是如何形成的，却很少有人去考察其社会实践根源。与波状线、蛇形线相类似的彩陶纹饰如螺旋纹和波浪纹，根据考古学家的考证，是由鸟纹和蛙纹演变而来，由动物形象的写实演变为含有宗教意义的几何纹样。但是抽象的几何纹饰还不是形式美，形式美是几经重复仿制才逐渐失去其原始宗教观念而形成的。波形线、蛇形线也是这样的形式美，其原型仍出自于实践所掌握的自然形式，经过某种精神活动凝结着一定的观念内容，再经过反复模制，其观念内容终于消失而演变为形式美。

社会实践的长期历史积淀，使美的形式所涵盖的具体社会内容渐渐隐去，而演变为独立存在的形式美。由于没有具体社会内容的制约，使形式美比其他形态的美更富于表现性，更自由，更灵活，从而形成性能上的独特之点。

(一)具有装饰性

形式美不仅是独立存在的审美对象，更经常附丽于其他事物之上，起一种装饰美化作用，而且运用的范围非常广泛，这是其他形态的美不太可能做到的。如：花边、装饰图案等，人们在使用它们的时候不去追究原始意义，而是把它们作为独立的审美对象直接运用。

(二)具有抽象性

形式美虽然感性具体，但却具有很高的抽象性。如：红色，它虽然不是红苹果、不是红星、不是红心、不是红旗、不是红灯笼……但这些东西都有红色。红色作为形式美的感性质料，具有抽象性。

(三)具有象征性

形式美经常成为一种象征标志。不仅宗教大量运用它，政治生活、社会生活中的某些象征意义，也经常用它作为标志。如：国旗、国徽、纪念碑等，都是作为一种标志形式。

**四、形式美的感性质料与法则**

形式美是事物美被人感知的前提，只有当人的感官首先直接感知形式美，并唤起审美快感和愉悦时，才能引起关注并进一步全面把握事物的美。形式美由形式美的感性质料和形式美的法则构成。

(一)形式美的感性质料

构成形式美的感性质料，主要是指色彩、形状、声音。

1.色彩

人们在长期的生存实践中凭借色彩去认识世界：蔚蓝的天空、火红的太阳、碧绿的草原、洁白的雪花，大自然中灿烂缤纷的色彩给人类创造了绚烂多彩的生存环境。单就色彩本身看，也可以成为独立的审美对象，它也可以引起人们的审美感受。但是作为审美对象的色彩，却不在它的自然属性本身。

色彩之美主要是由于它们与人们不同的生活实践的不同方面相联系的结果。如红色与太阳和热血相联系而派生出庄严与热烈；绿色与植物和春天相联系而派生出生命与青春；蓝色与天空和海洋相联系而派生出深沉与和平；黄色与阳光和大地相联系而派生出尊贵与光明；白色与白昼和雪花相联系而派生出明朗与纯洁；黑色与黑夜和阴暗相联系而派生出严肃与恐怖。各种色彩的美，其原始的意义和审美意味是否如此尚无据可考。但是从人类生活实践出发去思考，是符合形式美诞生事实的。

随着人类社会的不断发展，色彩的意义也随着意识形态、审美心理的发展而积淀了日趋复杂的审美意味，而且不断产生分歧与对立。各种社会因素，如民族的、阶级的、社会意识形态的、艺术流派的以及个性心理因素，都影响制约着色彩美。正是这些中间环节的巨大影响而造成色彩美的分歧。如：红色意味着庄严热烈，但又意味着严重危险；黄色意味着尊贵光明，但又意味着卑鄙下流；蓝色意味着和平深沉，但又意味着悲哀不幸；白色意味着纯洁明朗，但又意味着悼念祭祀。如：绿色在人类的共同心理感受中是生机盎然、欣欣向荣，然而日本人、法国人却不喜欢绿色，日本人认为绿色是不吉利的色彩，法国人厌恶墨绿色，因为墨绿色曾是纳粹服装的颜色；黄色在中国是帝王之色，象征皇权的高贵，而欧洲有的国家的人们则认为黄色是下等之色，基督教把黄色作为出卖耶酥的犹大的服色。中间环节是人们对色彩产生歧义的根本原因。

2.形状

形状包括点、线、面、体各部分，也是构成形式美的重要感性质料。形状不仅像色彩一样诉诸视感官，而且还可诉诸躯体感官。形状可以成为独立的审美对象而引起人们的审美感受，是人的视觉所能感知的空间性美。但形状的美并不就是形状本身。作为形式美的形状，也如色彩一样，包含着各种意味，因而用于园林艺术可以成为某种风格的因素之一。人们感知形状的美，都离不开对点、线、面这些形体元素的认识。

点在空间起标明位置的作用。美学中的点与几何学中抽象的点有不同之处，几何中的点没有大小、形状，是个抽象的概念，而美学中的点不但有大小，而且有形状。人们在审美时，凭视觉效果把点与圆或其他形状区别开来。

线是点移动的轨迹，形体轮廓是由线来表示的。在构成物体形式的要素中，线占有特殊的位置。线条美是一切造型艺术的基础，一般常见的线分为直线、曲线、折线三大类，它们的审美特性各不相同。直线：表现刚毅、挺拔、坚强、单纯；粗直线：显得厚重、强壮；细直线：显得明快、敏锐；垂直线：给人挺拔、兴奋、突破、动势的审美感受；水平线：给人以起始、平静、安稳、恒定的审美感受。曲线显现优美，给人以柔和、轻盈、优雅、流畅的审美感受,曲线美在一般线条中有突出的审美意义和价值。折线给人的感受是坚硬。

面的三原形是指圆、方、三角形,不同形状的面会给人以不同的视觉效果和心理反应。圆或由圆演化出的图形,给人以柔和、富有弹性的审美感觉,因而具有一种柔性美,造型艺术中圆的应用非常普遍,尤其在雕塑、绘画、建筑中,圆的利用率很高。方形一般给人以正规、平实、刚强、安稳、可靠的审美感觉,方形或由方形演变的图形,是一种刚性美。三角形的各种变态,对于人的心理往往也产生不同的感应,正三角形有稳定感;倒三角形有倾危感;斜三角形造成运动或方向感。

体是点、线、面的有机结合,体同面的关系最为密切,面的移动或旋转就成为体。现实中存在的物大部分是体。体可分为球体、方体、锥体等。体给人的感觉比面更强烈、更具体、更确定。

形状成为形式美的根本原因在于人类社会实践对自然形状(包括事物运动和结构)的把握和运用,使形状积淀了某种社会内容和历史观念,造成形状与主体知觉结构的相互适用、对应,从而引起审美愉悦。

3.声音

声音也是构成形式美的重要感性质料,但它不像色彩、形状都是通过视感官而获得审美感受,而是诉诸听感官。声音作为形式美也包含某种意味,音的高低、强弱、快慢、纯杂,都能显示某种意味。音在传递信息、表达感情上是异常复杂的。单纯的音在现实生活中是少见的,音往往与它的发出者联系在一起,如:风声、水声、铃声、笛声、机械声、人语声,可以说是万籁俱声。音分为乐音与噪音,音乐中使用的主要是乐音,噪音也是音乐表现中不可或缺的组成部分。音乐中使用的音,是劳动人民在长期的生产实践中、劳动斗争中,为了表现自己的生活和思想感情而特意挑选出来的。这些音被组成为一个固定的体系,用来表现音乐思想和塑造音乐形象。

声音具有自己的审美意味,高音可以表现亢奋、激昂,也可以表现凄惨、惊恐;低音可以表现亲切、柔和,也可以表现沉闷、压抑。强音可以表现振奋、昂扬,也可以表现愤怒、抗争;轻音可以表现温柔、抚慰,也可以表现沉思、回忆。快音可以表现欢乐、高兴,也可以表现紧张、急骤。纯音显得干净、悦耳,令人感到舒畅、甜美;杂音显得繁乱、噪闹,令人感到不安、烦躁、神经紊乱。

声音美与音乐美是不同的,根本区别是声音所含的人生意味,是一种普泛化的人生意味,很难从声音中离析出来。作为形式美的声音并不是单纯的形式,所含意味也不同于艺术的联想、意象、情感,这种意味来源于无数次反复重复的社会实践,是历史积淀的结果。

（二）形式美的法则

上述的感性质料，如果随意地堆放在一起仍然不能构成形式美，只有通过设计将它们按照一定的法则进行组合，才能显现出事物的形式美。人们在实践中归纳了许多形式美的法则，主要有以下几方面：

1. 对称与均衡

对称是指以一线为中轴，左右或上下两侧均等。人类早期石器造型，已开始追求对称形式，原始初民对对称感产生的根源是因为：人的身体结构与动物的身体结构几乎都是对称的，对称体现了生命的正常发育。人们在长期实践中认识到对称具有平衡、稳定的特性，从而使人在心理上感到愉悦。相反，残缺者和畸形的形体是不对称的，使人产生不愉快的感觉。均衡是对称形式的一种变体。均衡是中轴线两侧的形体不必一一相对，但在量上大体相当。均衡比对称更富于变化，比较自由一些。例如：树的树枝、树叶多属均衡。

2. 调和与对比

调和与对比是针对两种或多种不同事物的关系而言，反映着两种矛盾状态，或者说是处理矛盾的两种方式。调和是把两个或多个相接近的东西相并列相交接。如色彩中的红与橙、橙与黄、黄与绿、绿与蓝、蓝与青、青与紫、紫与红都是邻近的色彩，可调和运用。对比是把两种极不相同的东西并列、比较，突出其差异，明确其界限。色彩中的红与绿、紫与黄、蓝与橙是对立的色彩，可制造反差和跳跃的效果。对比与调和的审美效果表现在：事物经过调和，会给人以协调、融和的审美感受；对比能够使形象更鲜明，气氛更活跃，感受更深刻。

3. 节奏与韵律

节奏是指事物运动过程中同一种动作按一定的时空“距离”反复有序地连续出现。节奏在现实生活中有广泛的表现，如绘画中的色彩转换和线条配置的节奏；文学作品中的布局有起承转合的节奏；戏剧、电影艺术中有人物心理和情节发展的节奏；建筑艺术中建筑群体的高低错落、疏密聚散，建筑个体中的整体布局到柱窗的排列上都有其特有的节奏。韵律原指诗词中的声韵和格律，表现出特有的韵味情趣与回环流动的形式美。现在韵律在建筑、图案等艺术形式中多有应用。

4. 比例与匀称

比例是事物形式因素部分与整体、部分与部分之间合乎一定数量的关系，合乎一定的比例关系，或者说比例恰当，就是匀称。匀称的比例关系使物体的形象具有严整、和谐的美。严重的比例失调，就会出现畸形，畸形在形式上是丑的。古希腊毕达哥拉斯学派提出的“黄金分割率”是一种应用较为广泛的定律。我国古代画论中的“丈山尺树，寸马分人”之说，人物画中的“立七、坐五、盘三半”之说，画人面部的“五配三匀”之说，都是人们所总结的比例关系。

5. 整齐一律与多样统一

整齐一律是指事物有规律的反复或整体中的局部的连续再现。整齐一律是最单纯的一种形式美。在这种单纯的形式中不见明显的差异和对立因素。如仪仗队，整齐的队伍，同等高的身材，迈着一致的步伐，显示出一种整齐雄壮之美；园林绿化时，常见的行道树、绿篱等都给人以整齐一致的美感。多样统一是形式美法则的高级形式，也就是我们平时所说的“和谐”。和谐是消除了多样性即差异性的纯然对立，差异的互相依存和内在联系成为统一，达到协调一致，具体同一。和谐作为形式美的规律，包含了整齐一律、均衡对称等形式规律，是形式美中最高级最复杂的一种。多样统一是客观事物本身所具有的特性。

形式美在园林中有普遍的应用，上述仅是形式美的最基本理论，园林的形式美是这些理论的具体应用。

## 第二节　园林的形式美要素

园林的形式美是通过园林的构成元素——山水、泉石、植物、建筑等的物质属性（如色彩、形状、质感等）表现出来的。世界上不同的地区，不同的国家和民族，在不同的时期所创造的园林形式虽然十分繁多，但都离不开这些基本要素。

### 一、园林的色彩

色彩是具有最大众化特点的形式美，也是园林形式美不可或缺的要素。

（一）色彩的概念

色彩是指可见光在人的视网膜上所产生的感觉。色彩是一种物理现象，在日光的照射下，各种物体吸收阳光的程度不同，形成了各种不同的色彩。

1. 色彩的色相、纯度、明度

色相是各种具体色彩的相貌、名称。太阳光一般可分成红、橙、黄、绿、蓝、紫六种有基本色感的色相。每个名称都表示一种颜色的色相。纯度也称彩度或饱和度，指的是颜色的纯净程度和饱和程度，或者说是颜色含彩量的饱和程度。在可见光中，各种单色光是最纯的颜色，称为极限纯度。纯度越高，颜色越鲜明。黑、白、灰属无彩色系，其彩度为零。明度也称光度或辉度，是指色彩的明暗程度。包含两种意思：其一，是同一色相受光后由于物体受光的强弱不一，产生了各种不同的明暗层次。其二，是指颜色的本身明度，如红、橙、黄、绿、蓝、紫六种标准色互相比较的深浅度。同一绿色，受光的强弱、角度和亮部不同，会产生明绿、绿、暗绿等不同的明度。不同的颜色中黄色的明度较高，仅次于白色；紫色的明度较低接近了黑色；黑、灰、白有明度无彩色。

2. 色彩的三原色、中间色、复色、补色

色彩的三原色中的任何一色，都不能由另外两种原色混合产生，而其他色彩可以由这三色按一定比例配合出来。自然界的景物在光线照射下显示出千变万化的色彩，都是由这三种原色光组合而成的。色光的三原色是红、绿、蓝，将色光混合会变亮，谓之加色法混合。色料三原色为黄、品红（红＋蓝）、青（绿＋蓝）三种颜色，若将这三色混合会变深，称做减色法混合。

中间色又称第二次色，是两种原色份量相等或不等相混合的色彩。色料的间色为红＋黄＝橙，黄＋蓝＝绿，蓝＋红＝紫。原色和其间色即六种最基本色相。

复色又称再间色，即第三次色，由两间色相加而成，就是两个中间色相混合或者三原色相混合所得的色彩。由于在任何一种复色中，都含有三原色成分，因此在色彩配置时，当色相间对比过强时可加以复色起到缓冲调和的作用。

补色是当两种颜色混合而成黑色时，即这两种颜色互为补色。如十二色相环中，相对的两色互为补色，像红和绿，红为绿的补色，绿为红的补色；黄和紫，黄为紫的补色，紫为黄的补色。补色的明暗、冷暖对比最为强烈。

3. 色彩的感觉

（1）温度感　或称冷暖感，通常还称之为色性。这是一种最重要的色彩感觉。在色环（见彩图 3-3）上以橙色为中心的为暖色系，以青色为中心的为冷色系。橙色属暖色，波长较长，加上日常生活对太阳的联想，伴随的温度效应高。青色是冷色，波长较短，如生活中我们对水、冰、夜、阴的感觉，伴随的温度效应低。绿色在温度上居于暖色与冷色之间，温度感适中，古人有“绿杨烟外晓寒轻”的诗句，对绿色形容得很确切。在园林中运用时，严寒地带多用暖色花卉；夏季宜多用冷色花卉；在公园举行游园晚会时，春秋可多用暖色照明，而夏季的游园晚会照明宜多用冷色。这样能够取得良好的审美效果。

（2）距离感　由于空气透视的关系，暖色系的色相在色彩距离上，有向前及接近的感觉；冷色系的色相，有后退及远离的感觉；大体上光度较高、纯度较高、色性较暖的色，具有近距离感，反之，则具有远距离感。在互补的两色中，面积较小的为近色，面积较大的则为远色。六种标准色的距离感按由近而远的顺序排列是：黄、橙、红、绿、蓝、紫。在园林中，如果实际的园林空间深度感染力不足，为了加强深远的效果，作背景的树木宜选用灰绿色或灰蓝色树种。如毛白杨、银白杨、桂香柳、雪松等。

（3）胀缩感　红、橙、黄等颜色，使我们感到特别明亮、清晰、膨大，靠我们很近；绿、紫、蓝色使人感到比较幽暗、模糊，似乎被收缩了，离我们较远。因此，它们之间形成了巨大的色彩空间，增强了生动的情趣和深远的意境，令人十分神往。这是由色彩的多种因素共同构成的奇观，其中，色彩的胀缩感也起了重要的作用。光度的不同是形成色彩胀缩感的主要原因。同一色相在光度增强时显得膨胀，不同色相的光度本来就不一样，因而便具备不同的胀缩感。园林中的一些纪念性构筑、雕像等则常以青绿、蓝绿色的树群为背景，以突出其形象（见彩图 3-4）。

（4）面积感　明亮、暖色、饱和度大的色彩面积感强，相反则面积感弱。在园林绿地中，水面的面积感大于草坪，而草坪的面积感大于陆地。

（5）重量感　冷色系、明亮的色彩重量感轻，反之则重。色彩的重量感对园林建筑的设色关系很大，一般来说，建筑的基础部分宜用暗色调，显得稳重，建筑的基础栽植也宜多选用色彩浓重的种类（见彩图 3-5）。

（二）园林色彩的类型

1.自然色

自然色是来自自然世界的自然物质所表现出来的颜色，在园林景观中表现为天空、石材、水体、植物的色彩。自然色是非恒定的色彩因素，会随时间和气候的变化而变化，我们可以通过设计自然色在场地中的位置和面积等办法和其他色彩配色，从而达到理想的园林色彩效果。

2.半自然色

半自然色是指人工加工过但不改变自然物质性质的色彩，在园林景观中表现为人工加工过的各种石材、木材和金属的色彩。半自然色虽然经过人工加工，但表现的仍然是自然色的特征。因此，在园林景观环境中仍像自然色一样受到人们的欢迎和喜爱。

3.人工色

人工色是指通过各种人工技术手段生产出来的颜色，在园林景观中表现为各种材料和色彩的瓷砖、玻璃，各种涂料的色彩。人工色往往是单一的，缺乏自然色和半自然色那种丰富的全色相组成，在使用中需要慎重。但相对于自然色和半自然色，人工色可以调配出各种的色相、亮度和彩度，我们可以任意地选择施用于建筑、小品和铺装上，为景观色彩的营造提供无限多种的可能性。

（三）色彩在园林中的应用

1.暖色系

暖色波长较长，可见度高，色彩感觉比较跳跃，是一般园林设计中比较常用的色彩。红、黄、橙色在人们心目中象征着庄严、热烈等，多用于一些庆典场面。如广场花坛及主要入口和门厅等环境，给人以朝气蓬勃的欢快感，从而形成一种欢畅热烈的气氛，使游客的观赏兴致顿时提高，也象征着欢迎来自远方宾客的涵义。暖色有平衡心理温度的作用，因此宜于在寒冷地区应用。

2.冷色系

冷色波长较短,可见度低,在视觉上有退远的感觉。在园林设计中,对一些空间较小的环境边缘,采用冷色或倾向于冷色的植物,能增加空间的深远感。在面积上冷色有收缩感,同等面积的色块,在视觉上冷色比暖色面积感觉要小。要使冷色与暖色获得面积同大的感觉,就必须使冷色面积略大于暖色。冷色能给人以宁静与平和感。在园林设计中,特别是花卉组合方面,冷色也常常与白色和适量的暖色搭配,产生明朗、舒畅的气氛,在一些较大的广场中的草坪、花坛等处多有应用。冷色在心理上有降低温度的感觉,在炎热的夏季和气温较高的南方,采用冷色会使人产生凉爽的感觉。

3.补色

补色对比效果强烈、醒目,在园林设计中使用较多。利用对比色组成各种图案和花坛、花柱、主体造型等,能显示出强烈的视觉效果,给人以欢快、热烈的气氛。园林造景中补色表现得尤为突出。在大面积的绿色空间,绿树群或开阔的绿茵草坪内点缀小体量的红色品种,可形成醒目明快、对比强烈的景观效果。

4.同类色

同类色指的是色相差距不大、比较接近的色彩。在植物组合中,能体现其层次感和空间感,在心理上能产生柔和、宁静、高雅的感觉。如许多住宅小区整个色调以大片的草地为主,中央有碧绿的水面,草地上点缀着造型各异的深绿、浅绿色植物和树木,结合白色的一些园林设施,显得非常地宁静和高雅,给人以休闲感和美的享受。同类色也在一些花坛培植中常有应用,如从花坛中央向外色彩依次变深或变淡,给人一种层次感和舒适的明朗感。

5.金银色、黑白色

金银色、黑白色较多应用在建筑环境、园林小品、城市雕塑、护栏、围墙等方面。在传统园林中,金银色使用较少,但在现代园林环境中应用比较普遍。选用什么样的色彩,主要取决于小品、雕塑本身的内容和形式,一般来说,在现代感较强的环境中设置小品、雕塑多采用银色;形式以抽象性为主的雕塑也宜于选用不锈钢等银白色的材料;倾向于金色的材质,多为纪念性雕塑和环境中作为点缀应用。

黑、白两色在色彩中称为极色,在传统园林中多在南方的园林建筑和民用建筑方面应用。如秦淮河一带的建筑和苏州、杭州等地的私家园林建筑,灰黑色顶部与白色墙体对比分明,表现出古代文人墨客的高雅、清淡的风格。在现代园林设计中黑、白两色在全国各地应用较多,特别是在护栏、围墙等方面采用。在园林的环境中,常利用白色提高图案的明度,增加层次感等。白色在园林建筑和园林小品等方面也多有应用,如北京天安门前金水桥上的汉白玉栏杆及天坛祈年殿周围的汉白玉栏杆等,给人一种高雅洁白的神圣感。

## 二、园林的形与质

形是指形状,质是指质感。

(一)形状

自然界各种物体的形状是千姿百态的,如人、物、山、水、树、草等,然而我们仍然可以用各种基本的几何形来进行概括。园林构图中的形多以具体景象的抽象形态存在。人的视觉经验倾向于识别构造简单和熟悉的形。因此,构图中的形能使形象更加集中、完整,有助于揭示主题。诸如园林的分区布局,花坛、水池、广场、建筑、雕塑等无不是由各种各样的形状构成的。

在园林的所有形体中,最基本的仍旧是圆形、方形、三角形、多边形等。各种形状都给人以形式美感,如圆形一般的感觉是流动的,正方形给人的感觉是安定,三角形则给人以稳定的感觉。因此,把形状作为一种对于构图的确定及完成的手法,能使人的整个视觉看自然世界的现象更加典型化、综合化。西方园林对于各种形状的应用比较普遍,我国传统园林比较提倡“自然美”(见彩图 3-6,3-7),但在建筑上我国对形的应用,可以追溯到原始社会时期。如沈阳新乐遗址是 7000 余年前原始社会母系氏族时期的聚落遗址(见彩图 3-8),其房屋建筑已经有了各种形状(见彩图 3-9,3-10,3-11)。又如西安半坡遗址向我们展示了六七千年以前人们居住的房屋,其形式有圆形和方形两种,其建筑结构有半穴居和地面木架建筑两类(见彩图 3-12,3-13)。

我国园林建筑对方形的运用范例较多,如在北京颐和园(见彩图 3-14)的建筑中有对各种形的运用:仁寿殿、涵远堂、听鹂馆、鱼藻轩、对鸥舫、重翠亭等都是长方形的运用;园林中的亭有不少方亭形式,如北京北海方亭(见彩图 3-15)。“方正生静”、“方者自安”是我国传统的审美取向,因为方形具有稳重感和安定感。

圆形在我国园林建筑中也多有使用,如北京天坛的祈年殿(见彩图 3-16),还有皇穹宇、回音壁和圜丘等都是圆形建筑;北京景山公园中的富览亭和周赏亭(见彩图 3-17)是小型圆形的运用。大型的圆形符合我国“天圆”之说,与天道紧密相连;小圆型符合“圆满”之意,与人道息息相关。

八角的形状具有圆形的体势。我国园林中的亭有不少是八角形(见彩图 3-18)。扇面形颇有审美意味,如宋庆龄故居的扇亭(见彩图 3-19),给人以赏心悦目的动感。

另外,园林中的点与线也是备受关注的。

园林中的点是指景点,整个园林以景点控制全园,要处理好景点的聚散关系,除中心区域景点可适当集中外,其他区域景点“宜散不宜聚”,这样可以给游人留下品味、感悟的审美时空。汀步不仅有点的跳跃性,而且有路线的方向感,汀步运用得当会产生生动独特的审美韵味。

线条是园林景物的轮廓和边缘,几何式花园对线条的运用较多。如凡尔赛宫的直线运用较为突出;曲线在我国园林中较为普遍,溪水蜿流、曲径通幽,就是园林中的曲线给游人带来的美感。

(二)质感

人们通过触觉和视觉所感受到的、某一材料的质地与纹理,称为该材料的质感。不论是宏观还是微观,凡是我们所能感知到的物质,都会以丰富繁多的物质表象,传递给我们不同的信息。由于物体的材料质地不同,表面纹理的排列、组合、构造各不相同,因而产生粗糙感(见彩图 3-20)、光滑感(见彩图 3-21)、柔软感(见彩图 3-22)等。如:钢铁的质感是坚硬;丝绸的质感是轻柔;石头的质感是沉重;玻璃的质感是透明(见彩图 3-23)等。从园林审美的角度,对质感应该怎样理解与把握呢?

第一,把产生质感的物(或材料)作为审美客体来审视。

审美客体是指具有审美特质的客观事物。审美客体在人的实践中与人发生审美关系,以人的审美心理结构为中介,被人发现、认识、选择,并被按照美的规律和人的需要进行改造、创新。具有审美价值的审美客体(在这里指园林中能够产生质感的物或称材料),才能对人产生审美意义和心理效能。如:石是中国传统园林中不可或缺的物质材料,作为审美客体的"石",暂且不提它的经济价值,就其审美价值而言早已被人们所肯定。东晋大诗人陶渊明就是一位赏石专家,人称"赏石祖师",他喜欢与石为伴,留下了关于"醒石的传说"。他的"醒石"已经成为了审美对象,宋代文人程师孟特意为此而赋诗:"万仞峰前一水傍,晨光翠色助清凉;谁知片石多情甚,曾送渊明入醉乡。"程师孟笔下的石头已经有了人的"情",给人以清雅、娴柔的美感。

第二,质感与人的审美心理结构有关。

质感与人的审美心理结构有很大的关联,审美心理结构是构成主客体审美关系的中介,是审美、创造美活动赖以产生、发展的心理构造,它包含着审美直觉、审美意识和审美潜意识等的整体审美心理系统。只有被人从审美角度把握,引起人的审美感知、联想、想象和情感活动,溶入人的思想、情感、意志、个性,具有社会的内容,成为人化的自然,才能激起人的审美感受和审美评价。就是说,产生质感的物(或材料)要有社会内容,才能具有审美效果。如中国观赏石协会副会长张荣森先生说过:"石头不会作假,就这么实实在在地保持本性千万年,历经人间冷暖等着遇见有缘人。"在这里,张荣森先生已经把石头当成了社会中的"人",用"不会作假"、"实实在在"、"遇见有缘人"描述他所喜爱的石。

**三、园林中的声音**

园林中的声音是自然界的声音美,这种自然美与园林的艺术布局有很大关系。但园林中的声音美与艺术音乐有着本质区别,不能把园林中的自然声音美,当做一种音乐艺术来处理。园林中也有音乐的演奏,但那是音乐艺术在园林中的表演,这并不是园林艺术布局中的组成部分。

园林中的风声、水声、虫鸣、鸟语，都应该体现和谐之美。听风声：或有松涛万壑、或有白杨沙沙；听雨声：需有芭蕉、荷花、梧桐；听水声：要有泉、有溪、有瀑；听鸟语：要有多种灌木和浆果植物，忍冬、葡萄、山楂、悬钩子、接骨木、玫瑰、野蔷薇、苹果、海棠、梨、桃、梅、李、杏、小檗、桑等果树最能诱引鸟类。

园林中的声音最多的是水的声音。水的声音美多种多样，有“叮咚”的泉水声、有潺潺的溪水声，还有瀑布的倾泻声。北京中南海有个亭子立于水中，建成时称“流杯亭”，亭内有流水九曲，也取自兰亭典故。康熙将亭改题为“曲涧浮花”，乾隆又题匾额为“流水音”。三个题名，以“流水音”最佳，从此这个亭便被称做“流水音”了。水的美不但以其流动的形态——“曲涧浮花”诉诸人们的视觉，而且以其潺潺的乐音——“流水音”诉诸人们的听觉，这种不绝于耳的声音更能给人以美的享受。水的声音并非丝竹管弦所奏，但它却以其天籁般的自然音响感染着人们。

园林中的鸟鸣是人们最为青睐的声音。为了满足人们的审美需求，我国有的公园修建了“鸟语林”。大连的鸟语林，坐落在虎滩湾西南的山谷，林内放养有白、蓝孔雀，丹顶鹦鹉、百灵、画眉、白鹭等 150 余个品种 2000 余只鸟禽，似一个大家族在一起“和平共处”。人们可与鸟儿亲切“交谈”，享受回归自然的趣味，其乐无穷。还有，承德鸟语林景区，林内栖息着 500 多种、上万只珍禽。这里有丹顶鹤、白天鹅、绿孔雀等各种禽鸟，它们或在溪边畅饮、或在空中飞舞，若有雨声淅沥，一声雷鸣，随之百鸟齐鸣，颇为壮观。再有，成都鸟语林坐落在风景秀丽的塔子山公园内，园内汇集了世界各地的走禽、涉禽、水禽、鸣禽、猛禽、飞禽等八大类 13 个科目，300 多个品种近万只鸟。另外还有，武汉东湖鸟语林，人造的网笼景区内，从世界各地征集鸟类有涉禽、水禽、鸣禽、攀禽、走禽、猛禽、飞禽等七大类 13 个科目，200 个品种 8000 余只极具观赏价值的鸟类，有丹顶鹤、绿孔雀、白鹳、白鹇、红腹锦鸡、金雕、乌雕等，还有国外的金刚鹦鹉、黑天鹅、火烈鸟等。在这里人们还建立了“鸟语林鸟类救护站”，收治大量的野生鸟类，并将它们放归大自然。

## 阅读(三)　　北京菖蒲河公园

菖蒲河公园位于天安门东侧，是一座气魄雄浑、古韵悠长的大型水景园林。菖蒲河源于西苑中海，汇入御河。菖蒲河不仅是一条城市景观河，还是一条历史文脉河，沿河主要景观有“菖蒲迎春”、“天妃闸影”、“东苑小筑”、“红墙怀古”、“五岳独尊”、“凌虚飞虹”、“东苑戏楼”、“天趣园”等。

本着体现创新意识及促进传统风貌区有机更新的理念，菖蒲河公园建设注重在延续历史文脉的基础上，深入挖掘民族文化的深厚底蕴。公园中的艺术园圃、雕塑小品、四合院民居建筑都各具特色，菖蒲河公园将历史文化、自然生态、现代人文景观有机结合在一起，实现了古朴与华丽相依、时代与传统相伴、古代文化与现代文明交相辉映的特色，菖蒲河确实是一条蕴含民族文化精华的历史文脉河，也是一个“京味”十足的现代园林。

在公园东入口广场设计了“菖蒲迎春”景观，由高3.5m、宽1.5m的6块花岗岩组成的石屏风，于上用中国花鸟画的构图和传统的透雕手法，展现出一年四季各种花木禽鸟的图景。屏风之前有一尊高约2m的不锈钢“菖蒲球”造型，用雕塑艺术的手法对菖蒲进行夸张、变形，既点出公园的主题，又寓意菖蒲河的新生。公园东入口广场的南侧设计了“天妃闸影”景观，天妃闸是明清时期菖蒲河汇入御河的一道闸门，重建的天妃闸实际是一件青铜雕塑，以两个巨型龙头口衔铜质闸板，清亮的河水沿闸板倾泻而下，既有景观效果又有实用功能，形成一处富有历史文化内涵的艺术景观。天妃闸东侧池水中还有一丛铜质菖蒲造型，妙趣横生，再次点明公园主题。池中还种植了菖蒲，只见水中菖蒲葱茏、鲤跃清波，睡莲绽放，一派大自然的盎然生机，顿感心胸畅爽，气静神怡。公园西部的“红墙怀古”景观，以红墙为背景，以中国传统的文房四宝为主题，将雕塑、奇石、涌泉、铺装、绿化融为一体，构成一处文化氛围浓郁的人文景观。水景离不开柳，菖蒲河两岸垂柳婆娑，依依柳影倒映水中煞是好看。“红桥柳翠”是园林工作者创造出来的又一道亮丽的水景景观！

水景离不开景桥，4座精心设计、形态各异的景桥横跨两岸，构思巧妙的10处临水平台为游人亲水观鱼提供了多视点、多层次的观赏点。菖蒲河公园建设注重改善生态环境，突出植物造景，园内绿地和水面覆盖率达90%，绿化率达65%。园内因势保留了60余株大树，统一进行了滨水绿化设计，新种植乔木500余株，灌木2000余株，花卉及草本植物10 000余丛，水生植物10余种，还有大量的草坪植被，乔、灌花草复层种植，再配以清清流水，不但美观，同时也起到了降尘、防噪、杀菌、降温的作用，菖蒲河公园堪称市中心继皇城根遗址公园之后建成的第二片都市“生态绿肺”！

“东苑小筑”是一组传统的亭廊建筑，位于明代崇质宫旧址上，雕梁画栋，古色古香。“凌虚飞虹”景观取材于明代东苑凌虚亭和飞虹桥。新建的凌虚亭是公园的最高点，登亭远眺，巍峨故宫和菖蒲河美景尽收眼底。飞虹桥采取传统的单拱石桥造型，像一条玉带横跨河道，人在桥上，既可观赏公园美景，又能回味历史的沧桑。用36t、6块巨大的墨玉石雕琢拼装而成的一方古砚，长11.6m、宽6m，实际是一潭涌泉水池。这方巨型墨砚与镌刻在铺装地材上的“书圣”王羲之的“天下第一行书”——《兰亭集序》相映成趣，让人感悟着中华传统文化。

青铜镂雕“情侣扇”似乎刮起一阵老北京四合院温馨的风，园林小品“对弈”往往能引来“全家福”温馨的留影。做成甲虫、蜗牛、扇贝形状的草坪灯和广场灯集景观与照明于一体,一举两得、妙趣横生!公园南侧的红墙是明清皇城的南墙,北侧则有劳动人民文化宫和皇史宬的两面红墙。菖蒲河公园的园林设计以红墙为依托,追求红墙、黄瓦、绿树、碧水的视觉效果。公园修缮并亮出了这三面红墙,引红墙入景,增加了历史的厚重感,这也是京味园林深入挖掘历史文脉的成功举措。

菖蒲河公园承袭皇城历史文脉的另一精彩之处,是在公园北部建造的一组青砖、灰瓦的京味大宅第——四合院群落,这些四合院既再现了北京传统民居的建筑风格,又与公园景色融为一体,四合院特有的建筑风格与紫禁城的雄伟壮观互为衬托,成为展示皇城京味历史文化的最佳园林场所。

公园西端草坪中特置一块形体古拙圆浑、纹理清晰怪异的灵壁石,该石造型酷似喷涌奔腾的火焰,体现着旺盛的生命力,寓意古都北京蒸蒸日上、欣欣向荣,故取名“升腾”。

菖蒲河公园是一座颇具皇家风格又富有现代感的京味精品新园林,也是连接天安门地区至王府井、皇城根遗址公园之间的以河道水景为轴线的绿色文化景观。东部的“红墙怀古”景点以红墙为背景,墙前布置了一块高 2m、宽 7m、厚 4.5m、重 60t 的山水形特置石。此石体形庞大,石上山脉流畅,层峦叠嶂,飞瀑流泉,雄浑如泰山,故取名“五岳独尊”。配以白色花岗岩须弥座,尽显奇石巧然天成之美。

——摘自陈秀中等编《京味新园林》,新疆科学技术出版社,2003 年 8 月第一版

**审美实践**:利用周末去菖蒲河公园进行审美实践,写一篇文章(形式不限,800 字以上)。

# 第四章　园林的形态美

形态是指事物的形象、形状与神态、状态。审美形态是指人类审美实践活动中生成的美的事物的形象、形状与神态、状态。

园林美的形态是指园林因具体条件和环境所表现的各种不同的美的形象、形状与神态、状态。如雄伟与秀丽、崇高与优雅、阳刚与阴柔等；还有中国园林审美中常常提到的旷奥、奇险、幽畅等等。这些形态美通过自然的人化反映出来，又通过人化的自然创造出来。所谓自然的人化，即人们对特定的大自然空间、山岳、水体、动植物等，产生某种感受，赋予某种想象与联想，使人在自然物上，看到更多人的本质，形成自然物的人格化。所谓人化的自然，是人们从认识、发掘和把握自然美中，运用造园艺术理论、手法和技巧再现自然的形状与神态。

## 第一节　雄伟与崇高

### 一、雄伟

雄伟是指事物的雄浑与伟大。雄浑的原义是“反虚入浑，积健为雄”，即保持万物初创时的原始混沌状态，以劲健为基础不断积累升华；伟大是指事物的伟岸与高大（多用来形容人）。

园林美中的雄伟多指体积厚重而高峻、肌理粗壮、气势磅礴的园林景观。

园林中多围绕掇山创造雄伟的审美形象。在造园手法中表现雄伟，一方面要在规划布局中注意“烘托”与“对比”，设计中注意体形、体量的比例、尺度；另一方面在选用材料时要重视质感。以山为主景时，周围的水体与建筑适当压低和缩小，再配置若干苍劲的植物等，其雄伟的审美形象即可表现出来。

如泰山是自然景物与人文景观并存的一座名山。其主峰端庄、群峰簇拥，还有拔地通天的山岳，地处辽阔坦荡的华北大平原东缘，驾临于齐鲁丘陵之上，通过平原丘陵与高山的对比，雄伟之姿态已显露出来，再加上秦皇、汉武的封禅，历代帝王的祭祀，民间的顶礼朝拜，使这座绝对高度并非位居华夏之首的泰岱，被称为“五岳之冠”、“天下之雄”。

历史文化的渊薮以及环境的烘托，也是加强雄伟感的因素。泰山突出的人文景观，非常符合中国重视景物内涵的传统审美观。泰山景观有别于许多外国的名山景观，像美国的黄石山、意大利的埃特纳山、阿根廷的卡特德拉尔山，都是以纯粹的自然景观的原始野趣取胜，而甚少人文景观。葡萄牙的米拉德埃雷山、智利的圣卢西亚山，虽然有一点诸如古堡、教堂一类的古迹，但毕竟不占主导地位。相对来说，东方名山，人文气息较为浓厚。日本的富士山，缅甸的罗刹女山，都有些古庙，但仍然不具备泰山这种文化气息，在其民族文化中也不占很重要的地位。

**二、崇高**

崇高是指事物形体上巨大、精神上伟大，令人震惊、神往的特性。“崇高”的概念最早由古罗马朗吉弩斯提出，以后西方学者不断对“崇高”一词进行了深入的研究。我国先秦时期已有人注意到崇高形态的美，称之为“大”。

崇高有物体的崇高与精神的崇高之分。物体的崇高如自然物、社会物质产品等的崇高，在形式上表现为高大、广阔、粗犷、挺拔等形态和磅礴、突兀等不可阻抑的气势，往往突破了均衡、比例、节奏、和谐等形式美规律；在性质上表现为刚强、有力、坚韧、具有超凡的物质力量，使人震慑、惊惧。精神的崇高是人在为进步事业而斗争中所表现出来的博大胸怀、坚强意志，非凡才能和勇敢行为等高尚伟大的思想、品格、行为。它不使人惊惧，却使人信服、赞叹、神往、感慨。崇高的事物是崇高感的源泉，是使人在对崇高事物的体验、叹服、效仿中对人类本性产生自信，具有让人性日益完善的巨大动力。崇高的审美感受有三点：紧张感、崇敬感和奋发感。

（一）紧张感

紧张感是指崇高感给人带来了震荡与不安。崇高感使人紧张激动，既有生理上的心跳加快，也有心理上的剧烈震撼，更有情感上的复杂交织：喜悦与畏惧、愉快与痛苦、自豪与自卑等的交融。

（二）崇敬感

崇敬感是指人在崇高感中，唤起了自己对整个人类的使命、终极目的的关怀、尊崇与敬佩，对人的力量的尊重，对人的精神境界的追求，对未来理想的憧憬以及对自己追求的事业与理想而奋斗毕生的强烈渴求。

（三）奋发感

奋发感是指主体在崇高感中产生的一种鞭策与激励。作为个体的人总是有限的，也总会有其不足，因此，每个人都应时刻勉励自己，要不断地奋斗，才能战胜艰难困苦，还要不断地超越自我，获得升华，才能有所作为。

园林中的崇高美感主要在纪念性园林中有所表现。纪念性园林是为了纪念某些具有重大历史意义的事件或人物而营建的园林绿地，供后人瞻仰、凭吊及游憩之用，选址常以革命遗址、烈士墓地、名人旧居为基地，创作构思随历史线索而展开，在构图上常以人物塑像为中心，整体布局严谨，建筑造型给人以庄严肃穆之感，植物配置借物寓意，令人触景生情，获得崇高感。植物以松柏喻万古常青，流芳百世，象征永垂不朽，像广州的黄花岗、南京的中山陵、武汉的施洋烈士墓、四川江油的太白公园、北京古北口战役的阵亡将士公墓（见彩图 4-1）等。

## 第二节　秀丽与幽雅

### 一、秀丽

秀丽亦称优美、秀美、阴柔美等。是指事物纤巧、雅致、秀婉、柔和的审美特性。秀美（优美）是事物对人的平和、坦荡、热爱自由、富于创造性等本质力量的确证。它以和谐、均衡、自由、统一为特征，偏于静态的美。其形式一般较为细致、稳定、娇弱、光滑、圆润、轻盈、灵巧无剧变。其最基本的审美特性是和谐，一方面体现在主客体的统一关系中，表现为合目的性与合规律性的浑然交融，产生单纯、柔和、平静、舒展的感受，不带突然感、惊惧感；另一方面，体现在内容与形式的统一关系上，合乎形式美规律的外观形式与真善美的内容相互协调。美学界对优美有不同的界定。

秀丽的“秀”本指禾类植物的花，用于风景园林的形态特征时，指线条柔美、绵延曲折的山脉，堆苍积翠的植被，喷珠漱玉的泉瀑，我国西湖、富春江、桂林、阳朔、武夷山都属于具有秀丽优美形态的风景区。中国传统园林的山青水秀、诗情画意，具有情景交融的境界，体现了内容与形式的和谐统一，使人感到秀丽之美。

秀丽之美的形式特征符合均衡、对称、比例、秩序、节奏、韵律及多样统一等形式美的法则。它主要表现为单纯、和谐、完整。单纯是指对象不包含其他任何杂质，没有任何缺陷与不足，又毫无累赘，因而作为具有秀丽之美的审美客体本身不含有丑的因素。和谐是指对象组成各要素之间的相互协调、相互配合，以至于既相互依赖，又相互补充，达到浑然天成、融洽无间。完整是指对象的整体性。它是一个统一的整体，既无多余之处，又毫无欠缺，一切都恰到好处。

秀丽的美感也称优美感，是审美主体对优美的客体所产生的一种柔和舒适的审美感受。其特点表现为和谐感、爱恋感与松弛感。

（一）和谐感

和谐感不仅表现为主体感受与对象形态的和谐对应，表明审美主体通过感官直接感受到优美，而且它还表现为主体在产生优美感时，主体本身的诸多心理因素的和谐统一，从而使主体产生了一种悠然自得、适情顺性的情感愉悦。

（二）爱恋感

爱恋感是指主体对审美对象的亲近，对象引起了主体的喜爱。这是一种无功利、不带占有欲的无私的爱。

(三)松弛感

松弛感是指秀丽美感的效果。秀丽美感的发生,绝不会使主体在生理和心理上造成任何激荡不安与紧张,它只会使人全身心地松弛舒畅,轻松愉快,让人获得一种恬淡、温馨、宁静之感。

我国大多数私家园林都会使人产生秀丽的美感。私家园林多处于城市之中,多为第宅之延扩,一般面积较小,玲珑雅致,内容却包罗众多,融居住、聚友、读书、听戏、赏景诸多功能于一园。其造园总特色是:在有限的空间内用人工的手法细致地摹仿自然,浓缩再现出无限的自然山水之美,创造可游、可观、可居的城市山林,实现人与自然统一和谐的审美理想,同时又刻意追求山青水秀、诗情画意的审美意境。现存的著名私家园林苏州的拙政园、留园,无锡的寄畅园,扬州的个园,南京的瞻园等,都给人以秀丽之美的审美情趣。

**二、幽雅**

幽雅即幽静雅致。大自然中的幽静环境,常处于丛林邃谷之中,这里生趣盎然,有远离尘世之感。人为环境中的幽静,是通过曲折和深邃的空间布局求得的,所谓"曲径通幽",曲则能深,深则幽静,运用得体的美化加工和艺术处理,使幽静中美而不俗,便达到了幽雅的境界。园林中往往在园中园、书斋、别馆内,省略装修与花木,仅植竹林,散点山石,令人感到荫荫翠润,几簟生凉,十分幽雅宁静(见彩图 4-2)。

我国园林十分讲究幽雅形态,如著名风景名胜区四川青城山就以"幽"著称。青城山层峦叠嶂,林海莽莽;连峰起伏,蔚然深秀。全山以幽雅青姿取胜,与剑门之险、峨眉之秀、夔门之雄齐名。它背靠岷山雪峰皑皑,朝观日出,夜览"神灯",风光十分幽静雅致。景区天师一带,周围青山四合,状如城廓,故名青城。全山四季葱茏,青翠欲滴;鸣泉飞瀑,清爽怡人;苍岩壁立,云雾缭绕,自古就有"青城天下幽"的美誉。还有福建的青云山,青山滋生绿水,绿水养活青山,大大小小的山泉,从岩石的罅隙汩汩涌出,汇成一道道川流,扭曲三折,绕峰穿谷,如弄丝弦。在明媚的春天,青云山山花烂漫,争相斗艳,枝叶婆娑,万木竞发,百鸟鸣唱,青翠深远;在炎炎的夏日,青云山如春重归,欲暑还凉,翠阴遮道,蝉声起伏,流水潺潺,清冽甘甜;在爽朗的秋天,青云山山明水净,深红浅黄,亭前清泉,晶莹见底,泉珠滴落,如弦轻拨,真是"红叶醉秋色,碧溪弹夜弦"。青云山深邃隽永、靓丽含蓄,长年不息地流淌着的生命之泉,与那蜿蜒盘绕着的古藤老树遥相呼应。人们除了惊叹它的奇妙和幽雅之外,更有那尘埃四散、心境透彻的爽朗美感!

为了能将自然界的秀丽幽雅之美引进园林,我国造园家模拟山样、浓缩水形、以石池代山水,使大自然中的美态在园林中得以浓缩显现。如在园林中对山的表现,采用了我国丰富的山石形态资源，我国山石形态各异：庄重有之（见彩图 4-3）；峻朗有之（见彩图 4-4）；泰然有之（见彩图 4-5）；高耸有之（见彩图 4-6）；奇妙有之（见彩图 4-7，4-8），把这千姿百态、丰富多样的自然山石景观移入园林，就有了园林中的假山，如我国著名环秀山庄假山（见彩图 4-9）；黄石假山（见彩图 4-10）；留园冠云峰（见彩图 4-11）等等。也许我国园林中的假山并非真实而完整地模仿某座山、某块岩，但我国自然山水本身的秀丽幽雅（见彩图 4-12）对造园家的启迪作用是不可忽视的。

## 第三节　旷　奥

旷是指明朗开阔，奥是指幽微深邃，既是指景观的客观存在，又是指游人的主观感受。旷奥与疏密、虚实、曲直等概念有相互渗透与包含的关系。中国造园艺术善于利用空间序列中的旷奥变化来产生抑扬、虚实、藏露、疏密的对比，以丰富景观感受。

### 一、抑扬

抑扬也称先抑后扬，是在空间序列中运用对比的手法，在园林起景时以单调、暗淡、封闭、压抑的奥空间引导过渡到开阔、明朗、华丽昂扬的旷空间，使人产生"山穷水复疑无路，柳暗花明又一村"的豁然审美感受，我国传统园林多采用这种手法，与民族性格崇尚含蓄的社会审美理想有关。

### 二、虚实

虚指空无、空灵、虚写、虚拟、虚构、藏匿、舍弃、省略、停顿、中断、玄诞等；实指实有、充实、实写、实做、显露、铺陈、翔实、逼真等；虚实指两者的统一。在园林艺术创作中，实是虚的基础，虚是实的补充、准备和发展。虚实结合，虚实相生，以虚代实，以实代虚，化虚为实，化实为虚，将形象、形式、意境的间接性与直接性、鲜明性与含蓄性统一起来，才能形成真实与空灵、有限与无限相结合的艺术形象和艺术意境。造园上太湖石的玲珑透空、虚灵飞动；亭阁的四面虚空，内外渗透；池塘的天光云影，月色水波；庭院的洞门漏窗，穿插透景；匾联的隐喻象征，诗情画意都是虚实的运用。我国传统审美中有"扬虚抑实"的倾向，如绘画中提倡惜墨如金、逸笔草草、疏野飘逸等。造园上也出现了同样的倾向，如对颐和园前山、宫区的建筑，便有粉墨堆砌的批评，认为过于匠气、俗气、脂粉气，这和对青绿、金碧山水的错彩镂金的批评是一脉相承的。

### 三、藏露

藏露也是我国的传统审美思想之一。在风景园林中，藏的效果是指层次与深度。层次多，深度大，花遮柳护，楼台掩映，云烟出没，野径迂回，松偃龙蛇，竹藏风雨，都是藏的效果。藏重于露的原则在我国造园艺术中影响深刻，园中园的出现，曲径通幽的提倡，小中见大的强调，咫尺山林的追求，闹处灵幽的理想，全都以藏景为转移。观赏园林时讲究“藏得妙时，便使观者不知山前山后，山左山右，有多少地步……若主于露而不藏，便浅薄”。较为典型的是江南城市中的私家园林，其为了达到闹市藏幽之目的，几乎无不包围在高墙深院之中，园内又以多层次的建筑、围墙、庭院、花木、假山石分为更小的空间，曲折迂回，藏而又藏，深不可测。

**四、疏密**

疏密与景物密度有关，强调对比与反差。在造园中，疏指的是景物实体及空间的密度小；密指的是景物实体及空间的密度大。而对于密度的理解，不能单纯考虑实体的物理量，还须考虑在物理量相同时不同的审美信息量。例如，同一座建筑，如加上彩画琉璃则密度较不加为大。又如，同一座假山，如在山体内造许多洞穴，物理量减少了，但游人去钻洞得到的心理感受反而多了，这个假山的景观反而是密了。再如，同样一片花草，如果品种单一则显得疏，品种多样则显得密。因此，风景园林中的疏密是景观实体、形态、色彩、质感、空间等因素综合组织的结果。在布局中，应注意二者有机结合，以产生节奏快慢的变化，调节游人情绪。如花境艺术的兴起，就是人们对于单一草坪显疏的改进(见彩图 4-13)。所谓“花境”是人们参考自然风景中野生花卉在林缘地带自然散布规律后，经过艺术提炼而设计的自然花带，其艳丽的色彩和丰满的群体形象改变了单一植物的疏。花境布置一般都以树丛、树群、绿篱、矮墙或建筑物等作为背景，根据组景的不同特点形成宽狭不一的曲线或直线的花带。花境内的植物配置是自然式的，主要以欣赏其本身特有的自然美以及植物自然组合的群落美为主(见彩图 4-14)。花境艺术讲究高低错落；各种花卉色彩、姿态、体型、数量等相互协调；不同花卉斑状相置、合理搭配。花境是园林从规则式到自然式构图的过渡形式，它追求的是“虽由人作，宛自天开”的审美意境，是东西方园林审美文化的融合与发展。

柳宗元在《永州龙兴寺东丘记》中写道：“游之适，大率有二：旷如也，奥如也，如斯而已。”旷奥能够使园林艺术产生节奏美与韵律美。一般地说，山谷多奥，江湖多旷；厅堂是奥，庭院是旷；林木是奥，花草是旷。例如，颐和园后湖的奥与前湖的旷，园中园之奥与园外景之旷，在对比中求变化，使景色显得丰富多样。

## 阅读(四)　人类生态系统设计的前科学模式：“风水说”

**一、关于“风水说”**

通过化始—化机—化成的逻辑，“风水说”将作为中国古代哲学范畴的气转化为具体的可操作系统，又通过形—气的关系，因形察气，将功能问题转化为结构问题，使中国人的天人合一理想以理想风水景观的形式成为中国大地上的现实。它将气作为生态系统功能的综合衡量指标，强调气脉的连续、曲折、起伏等，都将对现代生态学，尤其是景观生态学的研究有所启发。

基于农业社会的经验，人类发展了古代科学，表现出朴素的整体观和系统观。这种古代科学后来被以“还原论”和“分析论”为特点的近现代科学所取代，后者推动了工业社会的迅速发展。工业化带来的种种恶果（包括生态危机、资源危机等）促使人们重新认识到系统地、整体地看待问题的重要性，至此，人类的思维方式经历了一次螺旋式的上升和回复。在中国，近现代科学未能得到很好的发展，从而迟迟未能进入工业社会，但却使以有机整体观为特色的古代科学得以充分的发展。正当西方学者苦苦探求一种“框架”来统一和联系各分析科学的研究成果时，中国古代科学整体的思维方式给他们带来了灵感。我们不知道其他系统科学家是否如此，至少普利高津是这样的（尼科里斯和普里高津 1986）。这正是中国的医学理论、气功及针灸等如此受到西方学者推崇的原因。环境及生态科学领域也是如此，人们早已不满足于孤立的环境因子及部门生态学的研究成果，而致力于更高层次上的综合。从 20 世纪 60 年代的“国际生物圈规划”（IBP），至 70 年代的“人与生物圈规划”（MAB）再到 80 年代的“国际地圈与生物圈规划”（IGBP），我们可以清楚地看到生态学研究向整体和综合发展的趋势（马世骏 1990），近年来提出的整体人类生态系统科学（THE）则把全球范围内的生态圈（Ecosphere）包括生物圈和技术圈作为一个整体系统来研究（Naveh and Lieberman 1984），对生态系统的研究已从物理量的研究转向对生态系统内外关系的研究（王如松 1990）。“风水说”所信仰和追求的天人合一，人与自然和谐相处，正是现代和未来生态学所追求的目标，所以有的西方学者甚至称“风水说”为“宇宙生物学的思维模式”和“宇宙生态学”（Astro-ecology），并把“风水说”定义为“通过选择合适的时间与地点，使人与大地和谐相处，取得最大利益、安宁和繁荣的艺术”（Skinner 1982）。

所谓化始，即天地万物皆始于阴阳，气之本体即为无形之太虚。阴阳之气充满于天地之间，“其聚其散，变化之客形尔”（张载，《正蒙》·太和篇），“游气纷扰，合而成质者，生人物万殊；其阴阳两端循环不已者，立天地之在义”（同上）。这是天、地、人、生得以合一的本体论依据。

所谓化机，即无形、无质之气并非不可捉摸，“气之聚时，在天成象，在地成形”（《青囊经》）；“天有五星，地有五行；天分星宿，地列山川”（同上）。除此恒常之形体外，气还有可感知的风、雨、霜、雪等形态，即《葬书》所谓的“阴阳之气，噫而为风，升而为云，奋而为雷，降而为雨”。出现在明末清初的《日火下降，阳气上升图》可以清楚地说明古代中国人对气的这种流变过程的认识。为此，又引入了阴阳五行的匹配关系和相生相克关系作为判定原则。

所谓化成，即基于上述气之运动规律，仰观天象，俯察地形，审四时，定方位，“顺五兆，用八卦，排六甲，布八门，推五运，定六气，明地德，立人道，因变化，原终始”（《青囊经》),使阴阳冲和而得生气,有生气则福禄永贞,万物化生。至此,已确定了风水术的基本技术途径。

千百年来,风水模式在中国大地上铸造了一件件令现代人赞叹不已的人工与自然环境和谐统一的作品,形成了中国人文景观的一大特色,并成为我们深入研究中国人理想环境模式的重要依据(俞孔坚 1990),恰如李约瑟所说的"遍中国农田、居室、乡村之美不可胜收,都可以藉此得以说明"(Needham 1962)。在此,我们仅举宁波天童寺的整体景观结构为例,对这一理想风水模式作一具体说明。

天童寺坐落在宁波市东南部太白山深处,已有多年的历史,规模宏大,为禅宗五山第二,被日本禅宗曹洞尊为祖庭。据《天童寺志》载,该寺的构建受"风水说"(形象)的影响很大,其整体景观结构足以说明普遍存在于中国人心目中的理想风水模式。在面积约 20km$^2$ 的范围内,太白山主脉山脊蜿蜒回环,围合成一山间盆地,只有西侧有一豁口与外界相联系。山脊海拔多在 400～500m 以上,主峰 656.9m,而寺庙所在地海拔只有 10～120m,相对高差平均约 300～400m,空间围合感极强,可谓"季宛自复"、"环抱有情",堪称形止气蓄的真龙。天童寺坐北朝南,西北侧依太白山主峰,构成背依玄武之势;自主峰东西两侧分出数脉,逦南下环护于寺庙之两侧,构成穴之护沙,其他诸支脉或环列于前,或回抱于两侧,如"肘臂之环抱";侧脉之间的水流蜿蜒曲折尽汇于盆地之中;为使穴前清流护绕有情,寺庙构建者在寺前挖两个大水池,称内、外"万工池",引右侧之水注入,后绕经寺前汇入盆地,确是"玄武垂头,朱雀翔舞,青龙蜿蜒,白虎顺俯"之穴;至于土厚水丰,植被茂密则更是其他地方所罕见,因而被列为森林公园;为了"聚气",在四周护山,盆地之豁口处及完全人工设计的曲折香道两侧广植松竹,形成了长达 2km 的古松长廊——"深径回松"和"风岗修竹"等景。从对穴前水流之人工处理及香道的设计和周围的绿化,都可以看出人为活动都在使自然景观结构的某些缺陷得以弥合,从而使之更符合理想风水模式。而"风水说"对寺庙建筑布局的影响尤为明显(何晓昕 1990)。

**二、"风水说"给现代人类生态系统设计的启示**

"风水说"在技术及迷信解释层次上是纷繁驳杂的,但其哲学思想和理论体系是基本一致的。事实说明,"风水说"促成了中国"天人合一"哲学思想的具体化。工业化正在中国大地上进行,风水景观正面临着难以抵御的冲击,而代表信息时代的现代科学也正在中国大地上传播和发展,它以"否定之否定"的姿态,在对中国农业社会及西方工业社会科技成果的扬弃中,建立自己的哲学体系和科学技术体系。基于现代科学知识,我们可以说"风水说"的许多方面是科学的,但这并不重要,单纯对古代科学进行现代解释无助于科学的发展,但从古科学的理论思想中获得启发,甚至因此调整我们思维方式,则是非常有益的。统观风水理论,笔者认为,在现代生态学及环境科学的研究方面，它至少可以给我们以下几个方面的启示。

1. 气：作为生态系统功能的统一衡量指标

生态学认为，生态系统的功能是系统与外界相作用时所发生的能量交换、物质代谢、信息交流、价值增减及生物迁徙。关于这五种功能流的认识和测量实际上仍然没有摆脱"还原论"及"分析论"思维方式的影响。在"风水说"以及中医理论、生命机体和不同层次上生态系统的功能综合地以"气"来统之。气周流于天地万物之间，集能、质、生物、信息及精神于一体，所以有人认为气实质上是场的概念(李中 1985)。从分析科学的思维方式来看，气的概念是含混不清的，无法界定，无法测量，但以气为统一功能特征的系统是可操作、可控制的，关于这一点，如果"风水说"不能使我们信服的话，中国古代医学及气功的研究成果则足以使我们信服。我们也注意到，西方生态学家也正试图建立生态系统功能的统一衡量指标，如 Odum 的"Emergy"和"Transformity"概念(Odum 1988)。这一方面的突破必将导致生态学研究的变革。

2. 因形察气——将功能问题转化为结构问题

生态系统的研究主要是对其功能的研究。气作为综合的功能流，是无形、无嗅和不断流变的，对气本身很难直接把握。在"风水说"中则通过气与形的关系，"因形察气"，把功能的问题转化为空间结构的问题来讨论。"风水说"的这一特点尤应引起景观生态学研究领域的重视。关于景观的空间等级分布及景观结构，Zonneveld(1972)的生态区—地相—地系—总体景观等级划分和 Forman 等(1986)的以斑块、走廊等为基本元素的结构研究途径，都是以相对均相的地段和生态系统为基本单位的，实质上仍是一种还原和分析的途径。而在"风水说"中，穴场是一个由沙水环抱的整体空间单元，而不是一个均相的地段或生态系统，穴、沙、水和龙的关系不是一个等级、分类的序列，而是一个有机构成序。风水说一开始就没有把"龙"肢解为相对均相的"部分"，再来研究"部分"之间的关系，而是在有机整体上寻找另一有机整体——穴。

3. 气脉——强调结构的整体性和连续性

"风水说"强调气脉的连续性和完整性，以明十三陵为例："陵西南数十里为京师西山。嘉靖十一年三月，金山、玉泉山、七冈山、红石山、香峪山皆山陵龙脉所在，毋得造坟建寺，伐石烧灰。"可见，为了保全十三陵陵园的风水，明王朝恨不得把整个燕山山脉皆作为保护对象。依"风水说"看来，十三陵所在山地属燕山之余脉，与北京西山虽有数十里之遥，却一脉相通。这种保护气脉及网络结构的整体性和连续性的做法，至少对地下水及生物的空间运动是十分有益的。这在自然保护区的景观规划及生态研究中是值得借鉴的。目前景观生态学已十分重视对廊道的研究(如 Forman 和 Godron 1986)，廊道与"气脉"既有共同之处也有较大差别，从其差别中我们也许能得到更多的启发。

4. 气脉的曲折与起伏

与气脉的完整性和连续性同样重要的是它的曲折和起伏。无论是山脉、水流或是道路，“风水说”都对曲折与起伏有着特别的偏好，从本文所举实例中可见一斑。认为只有曲屈回环、起伏超迭方有生气止蓄。直线对物质、能量和信息的流动是高效的，现代无论是公路、铁路、排灌渠或是通讯线路，都追求直线，这恰恰和“风水说”所追求的相反。这难道不能引起我们深思吗？以水流来说，曲折蜿蜒的形态除了有其美的韵律外，至少可以增加物质的沉积，有利于生物的生长，减少水灾等等。至于更深层的意义还有待进一步的揭示。

值得强调的是，与“风水说”的理论思想相比，“风水说”的技术体系显得苍白无力，难以胜任“风水说”的崇高追求，这方面，现代科学技术也许正好可以弥补。

——摘自程绪珂、胡运骅主编的《生态园林的理论与实践》，中国林业出版社，2006 年 7 月第一版

**思考题：**你认为“风水说”是迷信吗？“风水说”对于园林审美有什么启示？

# 第五章　园林的审美类型、风格与流派

通过第三章、第四章的讨论，我们初步知道了园林的形式美与园林的形态美，人们根据园林不同的形式与形态将其进行了分类。如对公园的分类，美国分国立公园、州立公园、地区公园、游戏场等。日本内务省城市计划局将公园分为：儿童公园、近邻公园、运动公园、都市公园、自然公园、道路公园等六类。前苏联分为文化休息公园、森林公园、公园、花园、小游园五类。我国据陈植教授早年对公园的分类是：休养公园、中央公园、娱乐公园、隙地公园、途中公园等五类。近年我国尚无正式的分类方法公布。不同类型的公园又表现出了不同的审美类型与审美风格。

## 第一节　园林审美类型概述

园林审美类型是指具有不同形式美与形态美的园林单位。园林类型的分法很多：可以根据园林绿地规模范围的大小分为大型、中型、小型园林；也可按组织题材的特殊性质和结构而区分园林类型，例如植物园可有树木园、药用植物园、高山植物园等。花园有以某种植物为主题的梅园、蔷薇园、杜鹃花园等。还可以根据不同风景组织要求的有特殊结构和题材组织的草原风景园、沙漠风景园、岩石园、水景园等。

从审美的角度出发，我们试将我国园林分为传统园林与现代园林两大类。

### 一、传统园林的类型及其美学审视

（一）传统园林的概念

传统园林是指以满足居住和游赏等多重需要为目的，将人为的物质环境与自然风景相配合，融建筑、绘画、文学、书法、园艺为一体的古代园林形式。

传统园林肇始于商周时代的帝王苑囿，兴于春秋战国，秦汉时已初具摹仿自然的造园风格，并出现私家园林。魏晋南北朝时期寄情山水的私家园林大盛，唐宋时又将诗情画意引入园林的布局与造景，成为中国古典园林艺术的总特征。后经历代造园实践，至清时成一完整的艺术体系，与西亚、欧洲园林并称为世界三大造园系统。中国传统园林体系包括皇家园林、私家园林、寺庙园林、陵寝园林和公共游豫园林等。

(二)传统园林的的类型

1. 皇家园林

一般指供帝王居住、游娱之用的园林,古籍里称之苑、宫苑、苑圃、御苑等。如颐和园、禁苑三海、河北承德避暑山庄。

2. 私家园林

是官僚、地主、富商、士大夫等私人自家的园林,古籍里称之为园、园亭、园墅、池馆、山池、山庄、别墅、别业等。如苏州的拙政园、留园,无锡的寄畅园,扬州的个园,南京的瞻园等。

3. 寺观园林

也称寺庙园林,即佛寺和道观的附属园林。指寺观建筑与自然环境相结合而形成的园林。一般有两大类型,一是位于城镇的模仿自然的寺观山水园;二是位于大自然的自然风景式寺观园,后者逐渐成为主流。寺观园林不同于皇家园林和私家园林的私有性,寺观要对广大的香客、游人、信徒开放。如宁波的天童寺、杭州的灵隐寺、泰山的南天门、峨眉山的万年寺等。

4. 陵寝园林

是为了埋葬先人、纪念先人实现避凶就吉之目的而专门修建的园林。中国古代社会,上至皇帝,下至达官贵人、商富大贾,都非常重视陵寝园林。陵寝园林包括地下寝宫、地上建筑及其周边环境。如北京的十三陵等。

5. 公共游豫园林

指具有天然景观特点,并逐渐被开发建设为有大量著名景点的园林。公共游豫园林以杭州西湖为典型代表。

(三)传统园林的审美

1. 皇家园林的美学特征

第一,皇家园林的社会内涵较为突出,强调并反映了封建统治阶级的皇权意识。所以人工气息浓厚,自然美居次要的位置,倾向于社会意义凌驾于自然美之上。

第二,皇家园林讲究皇家气派,所以规模宏大,占地面积比较多。常将有代表性的第宅、寺庙、名胜集中并在园林中再现出来。

第三,在形式上主要采用规矩整齐、主次分明的手法。对称布局较多,随意布置较少,以主体建筑作为构图中心统帅全园;用色浓重、富丽堂皇。通过形、色、布局等感性形式,营造出庄严凝重、高贵威严及等级分明的空间氛围。

2. 私家园林的美学特征

第一,私家园林大多由文人、画家设计营造,主要表现出士大夫阶层的哲学思想。

第二，一般面积较小，玲珑雅致，在有限的空间内用人工的手法细致地摹仿自然，浓缩再现出无限的自然山水之美，实现人与自然统一和谐的审美理想。

第三，在形式上，大多采用不规则状。用桥、岛等使水面相互渗透、紧凑多变；用墙、垣、漏窗、走廊等划分空间；大小空间主次分明、疏密相间、相互对比，总体构成有节奏韵律的变化。它所表现出的审美趋向是朴素自然、精致淡雅以及内敛含蓄。

3. 寺观园林的美学特征

第一，选幽静处为址。如果处于市镇屋宇之间，则以高墙大树遮避隔拦，营造出一个静憩养性的园林宗教空间。

第二，顺应自然，以与自然和谐为目标，以不破坏或不违背自然环境为根本。园景力呈自然风景所固有的本色，或雄伟险峻，或秀丽明净，或曲折幽深，或明朗开畅。

第三，其造型、材料、色彩等与周围环境协调，使园林气氛与宗教活动融为一体，形成寺观园林的独特形式。

4. 陵寝园林的美学特征

陵寝园林是历代帝王按照礼制原则，模仿皇宫修建的。选址修陵讲究风水，陵园规模宏大，建筑群集中，院落层次起落明显，布局讲究中轴对称。总体特征是宏伟、壮观、肃穆、庄严。

5. 公共游豫园林的美学特征

一般建立在城镇近郊或远郊的山野风景地带，在性质上异于皇家园林和私家园林，在风格上既不同于以人工为主的文人山水园，也不同于以自然风光为主的天然风景区。公共游豫园林规模小的利用天然山水的局部或片段作为建园基址，规模大的则把完整的天然山水植被环境圈围起来作为建园基址，然后利用原始动植物，再配以人工繁育的花木鸟兽和建筑营构。公共游豫园林交通便利、内容广泛、寺庙宫观、商市瓦肆散布其间；历代经营开发，人文景观丰富，一园之内常具有不同时代、不同艺术风格的景点。

**二、现代园林的类型与审美**

现代园林在西方多与现代派的创作方法联系在一起，在中国多与古代园林相对而言，有时甚至把近代西方规则式园林的输入也视为现代园林之发端。现代园林多人工创作气息，无论总体布局、建筑造型及种植设计都与传统园林大异其趣。

（一）现代园林的类型

现代园林是指在继承传统园林诸多优良特性和状貌的基础上，通过不断的理论探索与建园实践所形成的、具有现代人文内涵与科学技法的园林。现代园林发端于二战以后，许多现代景观设计大师通过大量的理论探索与实践活动，使园林的内涵与外延都得到了极大的深化与扩展，并日趋多元化。现代园林的理论研究与实践发展都很迅速，不断发生深刻的、革命性的创新，使园林新类型不断产生，现归纳为五种主要类型：生态景区型、城市绿化型、游乐休憩型、文化遗址型、农业型园林。

1. 生态景区型

这一类型主要包括：国家公园、生态园林、森林公园和风景区。

(1)国家公园　指国家对某些在天然状态下具有独特代表性的自然环境，区划出一定范围而建立的公园。旨在保护自然生态环境和地貌的原始状态，可作为科学研究、文化教育以及供公众旅游和欣赏大自然神奇景色的场所。世界上第一个国家公园为美国的黄石公园，至今世界各地已有众多各具特色的国家公园。

(2)生态园林　生态园林是指以人与自然的协调为核心，以生态平衡的原理为准则，具有生态效益的人工园林。早在70多年以前，荷兰、美国、英国等西方国家里就已出现了生态园林，现在发展成为包括植物、动物和微生物及其整个生境在内的自成生态系统，并且生物能够在这个园林系统内进行自然演化。生态园林能够充分利用阳光、空气、水分、养分和土地空间等，构成一个和谐有序、良性循环、稳定合理的生态系统。现代生态园林以丰富的植物为主要材料、模拟再现自然植物群落、提倡自然景观的创造，同时由于生态园林中的植物繁茂，为飞禽走兽提供了良好的栖息环境，植物、动物和微生物在生态系统内部互惠共生。生态园林不仅具备观赏、游娱功能，还特别具备了生态功能，如利用绿色植物，通过植物的光合、蒸腾、吸收和吸附作用，调节小气候，吸收有毒有害物质，衰减噪音，防风降尘，降温保湿，保持水土，涵养水源，防风避灾，并通过合理的时空结构与周围环境组成和谐的统一体。

(3)森林公园　森林公园应该包括在国家公园之内，但由于国内外园林界对森林公园的重视与提倡，我们有必要对森林公园有专门的了解。森林公园是指经过修整可供人们休闲度假的森林，或是经过逐渐改造使其形成一定景观系统的森林。所谓森林浴，就是人们在生机盎然的森林中进行适合自己的各种活动：如漫步、野营、游览、娱乐等，直接接受绿色植物所散发的各种有益物质和杀菌素以及大量的负离子，可以消除疲劳，促进新陈代谢，提高人体免疫力，舒松肌肤，清洁肺腑，其情景就如“冰浴”一般。据报道，我国已成为世界上森林公园数量最多的国家之一，张家界、都江堰、黄龙、泰山、武夷山、庐山等处国家森林公园和自然保护区已被列为世界遗产。

(4)风景区　多指供旅游用的风景游览区或供休养用的疗养区。有位于城郊或独立于大城市之外两种，前者如杭州的西湖风景区；后者如四川峨眉山等。规模较之城市公园为大，面积可达千公顷至百平方公里，有食、宿、交通服务设施。在自然的人化上只作少量修饰，多尊重原始的风貌，且景点颇多，情趣各异。

2. 城市绿化型

这一类型主要包括：居住绿化区、屋顶花园和空中花园。

(1)居住绿化区　指以构成安静优美的生活环境为宗旨的居民住宅区范围内所进行的绿化或山水地貌创作。是与城市居民最密切的户外生活空间，在城市园林绿地系统中分布最广。它们包括居住区中公共花园的建造、庭院绿化、住宅建筑绿化、公共建筑绿化、街道绿化及防护隔离绿化等。

(2)屋顶花园　屋顶花园又称为“屋顶绿化”。是指在屋顶、露台、天台或阳台上，种植花木、铺植绿草等，进行轻型屋顶绿化。屋顶绿化可以广泛理解为是在各类建筑物、构筑物等的顶部的绿化，目的是利用有限的空间，增加城市绿量，改善城市生态环境，为人们提供优美的环境景观和活动空间。德国作为最先开发屋顶绿化技术的国家，在新技术研究方面保持着世界领先的地位，日本、美国等对屋顶绿化的技术研究以及发展均是基于德国的基本理论。我国对屋顶绿化工作极为重视，北京市技术监督局和北京市园林局正式出台了《北京市屋顶绿化规范》地方标准，这一标准规定了屋顶绿化的基本要求、类型、植物选择和技术要求等；上海市绿化管理局发布了《关于组织编制屋顶绿化三年实施计划的通知》；广东省深圳市人民政府发布了《深圳市屋顶美化绿化实施办法》，并制定了全市屋顶美化绿化的规划和实施办法，组织全市屋顶美化绿化工作的检查、督促和考评等等。

(3)空中花园　早在古巴比伦时代就曾经出现过“空中花园”。现代的空中花园与屋顶花园相比较，最大的优点是给人们提供一个休闲空间。目前世界空中花园的形式有啤酒花园、露天会花园、英语角花园、健身花园等，使寸土寸金的城市用地得到充分的利用与美化，同时达到节约能源、净化空气、降低噪音等多种好处。空中花园与轻型屋顶花园的最大区别在于建筑必须事先设计空中花园的承载，优先做好防水层，在这两个前提条件确定完好时，再按设计建造空中花园。

3.游乐休憩型

这一类型主要包括：公园和主题公园。

(1)公园　指城镇内供居民游憩、文娱活动的较大绿地。公园除要有优美的风景、浓郁的林地、开阔的草坪和四季景象多变外，一般常设有茶室、餐馆、陈列馆、俱乐部，乃至游泳池及露天剧场等设施。

(2)主题公园　主题公园是一种以游乐为目的并赋予游乐形式以某种主题，围绕既定主题来营造游乐的内容与形式的公园。园内所有的建筑色彩、造型、植被、游乐项目等都为主题服务，共同构成游客容易辨认的游园线索。1955 年美国人沃尔特·迪斯尼以其出色的创造力在美国加利福尼亚州的洛杉矶成功建成了全球第一个主题公园——迪斯尼乐园。迪斯尼乐园集游乐、科学博览、社区中心、戏剧表演为一体，吸引了大批来自国内外的游客，获得了巨大成功。迪斯尼的成功，刺激了世界各地各种主题公园的发展。国际著名杂志《福布斯》评选出了 2005 年全球十大最受欢迎主题公园，包括：美国奥兰多的迪斯尼乐园，东京的迪斯尼乐园，巴黎的迪斯尼乐园，韩国的龙仁爱宝乐园，英国的黑池欢乐海滩，丹麦哥本哈根的蒂沃利公园，香港的海洋公园，德国鲁斯特的欧洲主题公园，加拿大的奇幻乐园，以及西班牙萨鲁的冒险家乐园。我国较为知名的主题公园有：深圳的锦绣中华主题公园、北京的工体富国海底世界主题公园、香港的小熊国主题公园、江苏的恐龙主题公园、广州的番禺向日葵主题公园、浙江的女儿村主题公园等。

4.文化遗址型

这一类型主要包括：纪念性园林和名胜古迹园林。

(1)纪念性园林　指那些为纪念具有重大历史意义的事件或人物而营建的，供后人瞻仰、凭吊及游憩之用的园林绿地。整体布局严谨，建筑造型给人以庄严肃穆之感，植物配置借物寓意，令人触景生情，如以松柏喻万古常青、流芳百世、象征永垂不朽等。像广州的黄花岗、南京的中山陵、武汉的施洋烈士墓等。

(2)名胜古迹园林　是指为某些名胜古迹而营建的园林环境。一般为具有悠久之历史文化、艺术水平较高、在国内外有广泛影响的名胜地，多为各级文物保护单位，主要供猎奇、温古及游憩之用。此种园林多为传统的建筑文化或宗教文化的延续与发展，力求保留历史之原貌，新旧建筑相映成趣。作为世界文明古国的中国，名胜古迹园林的数量较多，如北京的天坛、圆明园，上海的豫园，无锡的寄畅园，南京的瞻园等均属此类园林。

5.农业型

这一类型主要包括：乡土园林和观光园。

(1)乡土园林　乡土园林是指以自然村落为单位，处于乡村文化环境中的园林形式。与城镇园林相比，传统乡土园林更易做到因地制宜、顺应自然。乡土园林具有强烈的地方形式美特色，主要表现在就地取材和建筑形状与色彩上。如：楠溪江以木材、卵石为主；徽州素以木雕、石雕、砖雕著称。建筑形状、色彩与村落的民居建筑相和谐，使乡土园林的地方特色及乡土气息更加浓郁。我国乡土园林早已有之，改革开放后由于我国乡村发展的需要，具有新时代气息的乡土园林正在“建设新农村”的大环境中不断产生。现代乡村园林景观一改平庸无味、千村一色的陈旧模式，结合村落规划和民俗旅游，使“一个村落就是一座园林”的审美理想不断得以实现。

(2)观光园　也称观光农业园、农业观光园。是指以农村自然环境为基础，利用田园景观建成的园林。观光农业园运用生态学原理和环境美学的方法，把农业生产活动和发展观光休闲结合起来，对农业资源进行合理地开发和利用。园内设有采摘、垂钓、劳作等项目，在我国是一种崭新的园林形式。

当前我国对于园林类型的划分没有统一的标准，还需要不断地进行深入探讨与研究。

（二）现代园林的审美

古今中外的园林都表达了人们对生存环境的审美追求。园林的产生是同人的生命活动密切相关的，人们不断地认识客观世界，在客观世界中不断获得新的自由，现代园林的美就是人们不断获得自由的具体表现。现代园林是在继承传统园林的基础上逐步发展形成的，它除了具备传统园林的形式美与形态美以外，现代园林的美还主要表现在理性美、科技美两个方面。

1. 现代园林的理性美

所谓"理性"是指概念、判断、推理等思维活动。在美学中理性是指审美活动中的理智活动和合理规范。理性美是在事物形成的过程中，以感性认识为基础，对事物进行审视、思考、探讨、推理、判断等等，使人们对事物的认识不断产生升华与飞跃的过程。

现代园林的理性美，是指现代园林所表现出的符合自然发展规律和社会发展规律的审美创造。审美创造要经历去粗取精、去伪存真、由此及彼、由表及里的认识过程。现代园林的理性美最终要反映在实践过程中和具体的实体上。我国现代园林的理性美表现在以下两个方面：

第一，理性美表现在对中西方园林的理论探索中。

改革开放以来，我国园林业有了蓬勃的发展。西方的园林形式被大量引进，大片大片的草坪、形状各异的罗马柱、风格迥异的欧式雕塑以及在园林中配种欧美植物等等，使国人眼前一亮。然而在诧异、惊喜之余，人们也深深感到了"西风"的强劲，对中国园林能否保持自己的民族风格，产生了"担心"、"疑虑"、甚至是"迷乱"。

我国广大的园林工作者以中国人特有的冷静、宽容、睿见与智慧，不仅敢于正视漫卷的"西风"，而且面对挑战发出了"寻找中国园林"的理性召唤。湛江海洋大学园林系的林潇先生指出："西方园林文化的大举入侵，并不是偶然的，一方面，西方园林在房地产方面有很长时间的结合基础，西方社会多年的经济发展为其设计内容和经营运作提供了完备的模式；另一方面，国内的园林设计力量和机构力量薄弱，传统的园林风格缺乏变化和缺少新的想象力的加盟，社会风气的浮躁也是一个原因。"

园林界的有识之士们在审视、思考的基础上对西方园林进行了大量的探讨与研究，写出了《中英自然风格园林艺术比较研究》（郭吴羽）、《趣析中国古典园林与法国古典主义园林之差异》（项琳斐、张健）、《中国、日本和意大利园林景观比较浅论》（唐建民）、《法国现代园林景观设计理念及其启示》（朱建宁）、《中西式园林风格的差异化比较》（沈立刚）。这些充溢着理性美的横向比较文章，使人们更加清醒与明智地看待中外园林的特征与优劣。

张振先生在他的《传统园林与现代景观设计》一文中对中外园林进行了理性而冷静的评析：中国古典园林“组景和造景的手法之高超，在世界古典园林中已达登峰造极的地步。但由于受空间所限，喜好欣赏小景，偏爱把玩细部，往往使得有些园林空间局促拥塞，变化繁冗琐碎”；法国园林“推崇艺术高于自然，人工美高于自然美，讲究条理与比例、主从与秩序。更加注重整体，而不强调玩味细节。但因空间开阔，一览无余，意境显得不够深远。同时，人工斧凿痕迹过重”；英国园林“更加排斥人为之物，强调保持自然的形态，肯特甚至认为‘自然讨厌直线’。园林空间也更加整体与大气。但由于它过于追求‘天然般景色’，往往源于自然却未必高于自然。又由于过于排斥人工痕迹，因之细部也较粗糙，园林空间略显空洞与单调”；日本园林“尤其是枯山水，更专注于永恒。仅以石块象征山峦与岛屿，而避免使用随时间推移，产生枯荣与变化的植物和水体，以体现禅宗‘向心而觉’、‘梵我合一’的境界。其形态更为纯净，意境更加空灵，但往往居于一隅，空间局促，略显索漠冷落，寡无情趣”。郭志新先生在他的《园林意境与传统文化》一文中更加明确地指出：“一个国家、一个民族文化的发展，要想立于不败之地，就要勇于吸收，敢于继承，善于交融……许多科学家的发现与发明，都曾经受到易经文化的影响，西方人莱布尼茨的‘二进位制’的发明，美籍华人杨振宁和李政道的‘弱相互作用中宇称不守恒定律’的发现等等，都有《易经》的影响；拿来用之于中国传统园林，可以美轮美奂，犹如中国水墨山水绘画的写意和抒情、中国书法艺术的出神入化，都曾经和正在陶醉着无数的世人；精美绝伦的中国园林都曾经使世界为之倾倒……这就是中华文化的伟大和妙用……”这些中肯的分析，为发展我国的园林事业提供了有力的理论依据。

第二，理性美表现在对中国园林发展的审美判断中。

专家学者们在对中西方园林的理论探索分析的过程中，处处闪烁着理性美的光芒，反映出人的本质力量，智慧的能动性。李祥真先生给他的文章《中西方园林艺术赏析》起了一个响亮的副标题“从中西方园林艺术鉴别中学习”，他说“从古至今，无论中西方，人类对于美的追求与创造都近乎精益求精，园林设计中的大量传世佳作，都写满了人们的对于美的各种见解与领悟，留给后人的不仅仅只是惊叹，更有促使人们努力钻研下去的不竭动力。作为后人更应奋发，站在伟人的肩膀上，创造更深远的辉煌”。

俞孔坚先生在《走向新景观》一文中指出：“所谓新景观，是因为应对了新的问题：前所未有的城市化、生态与环境恶化、人地关系的空前紧张。不管我们的前人多么优秀，他们都不可能为我们预设应对这样前所未有的挑战的对策……所谓新景观，是因为作为景观使用者是新的中国人：他们不再是士大夫，那些曾经使中国园林充满诗意的晦涩的典故和经文，已逐渐变得陈腐如西文中的拉丁语，高贵却渐被尘封；不管我们的社会精英们如何努力倡导文言古文，年轻的一代却以‘坐地日行八万里’的不屑和轻松，乘网络的时代列车，忽悠而去；那种'举杯邀明月，对影成三人'的园林风月，那种'留得残荷听雨声'的庭院雅致，在当代恐怕是只能用孤独落寞和衰败凄凉来形容，旧的诗意，在新人面前则是地道的空洞和无病呻吟；古筝和昆曲的蔓径和碎步，怎能容忍摇滚和迪斯科的节奏？ 所谓新景观，是因为现代科学、技术和材料为我们理解和解决旧的和新的问题提供了前所未有的可能和途径：生态学和景观生态学，遗产保护理论，地理信息系统(GIS)技术，钢筋水泥、玻璃和钢及各种人工材料，都使经验的《园冶》成为过去的遗产。所谓新景观，还因为我们有了新的艺术可供借鉴和融入：现代主义、后现代主义的表达，环境艺术、装置艺术的体验，多媒体艺术的空前繁荣，都为新景观创造提供了创新的源泉。"

"中国现代园林发展的必由之路——面向世界植根传统"，这是北京林业大学园林学院教授、博士生导师朱建宁先生，在欧洲园林建设协会亚洲年会上的演讲题目，他指出："中国园林曾经在世界园林艺术史上留下了辉煌的功绩，对西方园林的发展起了巨大的推动作用。如果说17世纪在欧洲形成中国热还是追求异国情调的洛可可风格影响的话，那么，18世纪英国风景式园林的出现，无论在设计思想，还是在设计手法上，都可以看到中国园林的巨大影响。一些中国园林典型的设计手法，如采用环形游览线路的布局方式，散点式景点布局和视点的移动转换等等，已完全融入西方园林的设计手法之中，以至于人们常常忽略其出处了。"无论是俞孔坚先生的"走向新景观"，还是朱建宁先生"面向世界植根传统"，都已经看不出"担心"、"疑虑"和"迷乱"的情绪，而是充满了自信和坚定。

理性美表现在对中西方园林理论的思考、探讨、推理、分析与判断的全过程中，这是我国现代园林建设中人的本质力量的具体体现。

2.现代园林的科技美

科技是指科学与技术。科学是指发现、积累并公认的普遍真理或普遍定理的运用，已系统化和公式化了的知识；技术是指在劳动生产方面的经验、知识和技巧，也泛指其他操作方面的技巧。科技美是指有利于人类生存与发展的科技产品给人带来的美感。现代园林的科技美是指把现代科技产品和方法运用到园林设计与构建过程中，使园林更具有现代审美意味和审美价值。

第一，现代园林对科技含量高的无机材料的应用，加强了园林的形式美。

石材，在我国园林中有着悠久的应用历史，掇山、置石、营造园林建筑等都离不开石材。石材还可作为园林中的道路、小品的面层装饰，经过加工处理后不同色彩和质感的花岗岩板材作为铺装和花坛的面层材料，能使园林环境显得平整、干净，易于清洁。另外，陶瓷制品的新品种不断涌现，由陶瓷面砖、陶板、锦砖等镶拼制作的陶瓷壁画，具有较高的艺术价值，上面的浮雕花纹将绘画、书法、雕刻等我国传统艺术融为一体，使传统文化通过现代科技产品得以再现。现代园林中的水池运用不同色彩的陶瓷砖，大大增强了水池的景观表现力。近年来出现的陶瓷透水砖，由于其铺设的场地能使雨水快速渗透到地下，增加地下水含量，因此在缺水地区应用前景广阔。还有园林中的水景，古代园林中的水，作为一种独立的造园要素，表现力趋向于静，展示出阴柔之美。现在园林中的水中融入了科技元素，人们可在都市中欣赏到飞流直下的巨瀑、喷高数百米的喷泉，水的形与色、动与静发挥得淋漓尽致，展现出水的阳刚之美。现代园林对光技术的应用，使现代园林景观更富生机与活力。折射性能好的幕墙玻璃与含钛、镍、铬等元素的不锈钢薄板，给予建筑或园林以极好的光感作用。或者依各类投光灯、高钠灯、泛光灯、氖氦灯、霓虹灯等等，共同使园林中的建筑、景物、植物形成熠熠闪光的发光体。在夜晚灯光的映射下，建筑、景物、植物在水中产生的倒影，那种光影绰约的氛围使人产生置身于仙境般的悠然与惬意。随着科技的进步发展，新的园林材料种类必将更加丰富，只有与时俱进、勇于探索和尝试，才能构建出具有时代精神的现代园林。

第二，现代园林中对园林植物采用高新技术育种和科学植物配置，使感性美与理性美共同构成生命之美。

植物是人类生存的基本条件之一，所有生命围绕着植物，以能量和有机、无机物的形式世代衍生，循环不息。如果一座园林没有植物，将不能称其为园林。现代人走进园林的重要原因之一，就是感悟植物所洋溢的绿色生命之美。园林植物育种领域的科学研究给现代园林带来了生命的活力和绿色的希望。首先，“现代生物技术育种”较为适合园林育种。由于园林植物大多用于观赏而非食用，所以从转基因植物颇受争议的安全性而言，将会比其他农作物更易被批准进行大田释放试验和大面积推广，因此研发速度会进一步加快。同时随着全球对园林植物需求量的攀升，国内各地园林植物快繁基地的建设步伐将进一步加大，细胞工程技术在园林育种中的应用也将进一步受重视，因此可以推测生物技术育种仍将是园林植物育种的热点。其次，“航天育种”前景广阔。由于我国属世界上航天事业较发达国家，因此航天育种有着得天独厚的研发条件，目前国内已相继成立了一些专业研究机构，根据国家计委宏观经济研究院信息研究咨询中心报道：“十五”期间，航天育种事业将进一步加快发展步伐，国家将在海南、北京、西北、东北各建一个航天育种基地，总面积至少在10 000亩，包括纯种基地3000亩，杂交制种基地7000亩，涉及粮食、花卉、蔬菜、经济作物、果树等育种工作。可以预测航空育种技术将会对园林植物种质创新产生较大的作用，随着我国航天事业的进一步推进其发展步伐将更快。再有，“离子注入育种”在园林育种上的应用将大放异彩。离子注入育种属我国独创的育种技术，目前该研究领域仍存在许多空白点，同时根据该技术在粮食和经济作物种质创新中所带来的实惠，可预测将促使国内的有识之士对此进一步青睐。虽然它在园林植物育种领域涉足不多，但相信会成为新的增长点，并会在国际上产生较大的影响。

通过高新技术育种，将在株型和花型、花色和香味、生长发育、延缓衰老、抗病虫、抗逆境等方面使园林植物更加显现出生命之美。另外运用美学原理，科学的植物配置在现代园林营造中也不容忽视。植物配置应满足人们生活上和心理上的审美需要，植物的形式美就是植物及景观的形式在一定条件下作为刺激信号引起人的生理、心理上愉悦情感的反应，采用多样统一、对称、均衡、协调等规范化的形式对植物进行合理配置，例如孤植、对植、群植等就是符合形式美的规则。雪松、龙柏树形较大，苍劲挺拔、四季长青，可孤植在花园或大草坪的中心；铁树、龙爪槐可对植在现代建筑大门两旁；竹子具有盘根错节的根，高低错落、疏密有致、潇洒飘逸、倩影婆娑，按一定的配置形式，可丛植在两边粉墙的内侧。从实用角度，为了遮荫和创造一个凉爽的环境，可在道路两旁种植高大的法国梧桐、樟树、杨树、槐树等浓荫植物；为了创造一个轻松的环境，可在水边种植树姿优美的柳树；为了创造一个美好温馨的环境，可在生活小区、学校等内种植桂花、含笑等植物。这样的植物配置都是根据一定的目的，利用植物本身所具有的实用意义，合理选择树种进行种植的。

植物属自然物，多服从园林自然美的特征，如具有多面性、变异性、两重性等。我们可利用自然美特征中的具有正面美学意义的征象，如荷花出污泥而不染，表现身处腐化环境仍能保持廉洁清正的人格；竹子有节且中空，寓意了人的气节与虚心；还有梅花的抗寒、松树的常青、兰花的幽雅等等。利用园林植物也可以表现时序景观：园林植物随着季节的变化表现出不同的季相特征，春季繁花似锦，夏季绿树成荫，秋季硕果累累，冬季枝干虬劲。这种盛衰荣枯的生命节律，为我们创造园林四时演变的时序景观提供了条件。

园林植物可以形成空间变化：枝繁叶茂的高大乔木可视为单体建筑，各种藤本植物爬满棚架及屋顶，绿篱整形修剪后颇似墙体，平坦整齐的草坪铺展于水平地面，因此植物也像其他建筑、山水一样，具有构成空间、分隔空间、引起空间变化的功能。造园中运用植物组合来划分空间，形成不同的景区和景点，往往是根据空间的大小，树木的种类、姿态、株数多少及配置方式来组织空间景观。

园林植物可以创造观赏景点：植物本身具有独特的姿态、色彩、风韵之美，不同的园林植物形态各异、变化万千，既可孤植以展示个体之美，又能按照一定的构图方式配置，表现植物的群体美，还可根据各自生态习性合理安排、巧妙搭配，形成景观。

园林植物可以进行意境的创作：在园林景观创造中可借助植物抒发情怀，寓情于景，情景交融。松苍劲古雅，不畏霜雪严寒的恶劣环境，能在严寒中挺立于高山之巅；梅不畏寒冷，傲雪怒放；竹则“未曾出土先有节，纵凌云处也虚心”。三种植物都具有坚贞不屈、高风亮节的品格，所以被称做“岁寒三友”。其配置形式，意境高雅而鲜明，常被用于纪念性园林以缅怀前人的情操。兰花生于幽谷，叶姿飘逸，清香淡雅，无娇弱之态，无媚俗之意，植于庭院一角，意境高雅幽深。

科学技术的发展，让人们能够更加完整地、全面地感悟植物的生命之美，追求园林的自然之魂。

## 第二节　园林的风格

园林的风格指造园家在创作中所表现出来的特色和创作个性。园林具有物质与精神的双重性，其风格的形成，较其他艺术门类，如文学、绘画、音乐等更多地受到客观条件（如自然地理、经济基础与社会制度）的制约，主要表现出时代风格（包括社会、民族与地方风格）。风景园林家的造园活动还涉及多学科的纵向联系和多行业的横向配合。园林本身的个体美学意识比较间接、隐晦和曲折，常常依存于时代风格之中。我们简单讲述西方园林的风格及其美学思想和中国园林的风格及其美学思想两个问题。

### 一、中外园林的风格

（一）外国园林风格简述

外国园林可以上溯到巴比伦国王为取悦王妃塞米拉米达建造的空中花园，“世界地理频道”说：空中花园在公元前 600 年建成，是一个四角椎体的建设，由沥青及砖块建成的建筑物以拱顶石柱支承着，台阶种有全年翠绿的树木，河水从空中花园旁边的人工河流下来，远看就仿似一座小山丘。

古埃及花园一般有长方形的水池，周围种上一排排的树木，布局齐整、对称。香港园艺治疗中心报道：古埃及透过园艺活动达到治疗效果，当时医生让情绪波动的病人漫步花园，藉以稳定情绪。

古希腊人在园林艺术中力求做到与周围的自然景色完全和谐，他们建造了历史上最早的一批公共花园，有喷泉、雕像、岩洞点缀其间。在这里，古代的先哲们还常在悬铃木和柏树掩映下的爬满葡萄藤的凉亭里为公众作精彩的讲演。

古罗马人在许多方面都继承古希腊人的衣钵，他们主要在郊区达官贵人别墅周围建造古罗马花园。中世纪欧洲的花园有些与修道院有关，幽静的花园是教士们倾心交谈或悄然进行单独祷告的好场所，城堡附近的花园则成为市民休憩、娱乐的新天地，花园的周围修有高墙，民众可以举行游园庆祝活动。

意大利园林的古典主义风格形成于 15～16 世纪，园子往往建在小山包上，别墅坐落于山顶，花园则置于山坡。置身于别墅凭栏远眺，周围景色尽收眼底。山坡的台地上错落有致地分布着亭台、假山岩洞及众多的小喷泉，还点缀着各式各样的雕像，花园小径的两旁都有爬满攀缘植物的树篱。巴洛克艺术产生于16世纪下半期，Baroque一词本义是指一种形状不规则的珍珠，在当时具有贬义。当时人们认为它的华丽、炫耀的风格是对文艺复兴风格的贬低。巴洛克式花园迷宫似的曲径、滑稽的喷泉、修剪得离奇古怪的草坪等曾经时髦一时。

法国式花园兴起于17世纪，花园的特色在于园中的花卉通常会刻意种得很整齐，在几何切割的地盘上，以植物代替建筑物或雕塑品的摆设，还会排一些图案，凡尔赛宫就是这种花园的典范。

英国风景园林的兴起与18世纪英国出现的浪漫主义思潮有关。英国庄园主对刻板的整形园感到厌倦，园林师从自然风景中汲取营养，逐渐形成了自然风景园的新风格。英国的风景园林无法与周围的风景和平常的农村景色清晰地分开，园中有蜿蜒的林荫道，有弯曲不平的池沼，草地上放牧着悠闲的羊群，只有那些亭台楼阁才让人想到，这不是乡野，而是花园。风景园林不仅在英国，后来也在欧洲大陆流行起来，花园扩大发展成为人人都能享用的城市公园。

日本园林受日本之神道教影响较大，他们相信地球是有意识的，是一个生活实体，并且它的所有组成部分：人类、石头、植物、水和动物都是平等的，并且相互联系着。从公元575年，日本之神道教属于佛教的范畴，它的普遍哲学观念从中国传入。日本造园者并不是移植或复制全部的自然，而是充分利用想象，从自然中获得灵感。他们最终的目的是创造一个对立统一的景观，即人控制着自然，在某种程度上，这代表着造园还要尊重自然的材料，并且显示人的艺术创造性。在同时，花园也叫人谦逊，因为造园者其实只是自然的学生，不论人怎样努力尝试，自然的力量永远是巨大的。

第一次世界大战(公元1914—1918年)后，造型艺术和建筑艺术中的各种现代派不断兴起，园林艺术把现代造型艺术和现代建筑艺术的原理用于造园设计，形成了一种新型风格的园林——现代园林。现代园林是当代社会的产物，是现代科学技术与思想、现代艺术、园林水平及人们生活方式在环境中的充分表现。现代园林形式是多样的，在符合生态效用的同时，还应着眼于当地的人文与自然历史，应具有地域的特异性。

(二)中国园林风格简述

风格是指某一时期流行的某种艺术形式。园林风格是指某一时期流行的某种园林艺术形式。中国园林风格随着历史前进的步伐，不断演进与变化。按照周维权先生的划分，我国园林经历了生成期、转折期、全盛期、成熟期(成熟前期、成熟后期)以及现代园林阶段。

1. 生成期——先秦、两汉(公元前11世纪—220年)

指园林产生和成长的幼年期，相当于先秦、两汉。由分封采邑制转化为中央集权的郡县制，确立皇权为首的官僚机构的统治，儒学逐渐获得正统地位。以地主小农经济为基础的封建大帝国初步形成，相应的皇家宫廷园林规模宏大、气魄浑伟，成为这个时期造园活动的主流。也许我国园林的产生更早，园林的初级形式是园、圃、囿，最早记载于商朝的甲骨文中。在园、圃、囿三种形式中，囿具备了园林活动的内容，特别是从商到周代，就有周文王的"灵囿"，《孟子》记载："文王之囿，方七十里"，其中养有兽、鱼、鸟等，不仅供狩猎，同时也是周文王欣赏自然之美，满足其审美享受的场所。

秦始皇统一中国后，秦代的宫、苑大小不下300处，上林苑中建有离宫几十所，供游乐之用。这一期间，囿的内容得到了进一步发展，除游乐狩猎的活动内容外，囿中开始建"宫"设"馆"，增加了帝王在其中寝居以及静观活动的内容。

汉代，所建宫苑以未央宫、建章宫、长乐宫规模为最大。汉武帝在秦的上林苑的基础上继续扩大，苑中有宫，宫中有苑。在苑中分区养动物，栽培各地的名果奇树多达3000余种，不论是其内容和规模都是相当可观的，并且非常注意如何利用自然与改造自然，而且也开始注重石构的艺术，进行叠石造山，这也就是我们通常所说的造园手法，自然山水，人工为之。苑内除动植物景色外，还充分注意了以动为主的水景处理，学习了自然山水的形式，以期达到坐观静赏、动中有静的景观目的。

生成期的审美风格是：园林的原始形式——囿多是借助于天然景色，让自然环境中的草、木、鸟、兽及猎取来的各种动物滋生繁育，加以人工挖池筑台，掘沼养鱼。范围宽广，工程浩大，一般都是方圆几十里或上百里，供奴隶主在其中游憩活动。囿已成为奴隶主娱乐和欣赏的一种精神享受。囿在娱乐活动中不只是供狩猎，也是欣赏自然界动物活动的一种审美场所。

2. 转折期——魏、晋、南北朝(公元220—589年)

小农经济受到豪族庄园经济的冲击，中国处于战争与分裂状态。在意识形态方面突破了儒学的正统地位，呈现出百家争鸣、思想活跃的局面。豪门士族在一定程度上削弱了以皇权为首的官僚机构的统治，文人雅士厌烦战争、玄谈玩世、寄情山水、风雅自居，民间的私家园林异军突起。佛教和道教的流行，使寺观园林也开始兴盛。园林艺术兼融儒、道、玄诸家的美学思想而向更高水平跃进，奠定了中国风景式园林大发展的基础。

转折期的审美风格是：自然山水园迅速发展，以宫、殿、楼阁建筑为主，充以禽兽。其中的宫苑形式被扬弃，而古代苑囿中山水的处理手法被继承，以山水为骨干是园林的基础。这时期人们对自然美从直观、机械、形式的认识中有所突破，不再是单纯地追求巨大的花园、崇尚富贵、铺张罗列，而是追求自然恬静、情景交融，这成为以后园林艺术创作的一个崭新的开拓。

3.全盛期——隋、唐(公元589—960年)

中国复归统一,中央集权的官僚机构更健全、完善,在前一时期的诸家争鸣的基础上形成儒、道、释互补、共融,儒家仍居正统地位的局面。唐王朝的建立开创了帝国历史上的一个意气风发、勇于开拓、充满活力的全盛时代。从这个时代,我们能够看到中国传统文化曾经有过的何等闳放的风度和旺盛的生命力。园林的发展也相应地进入盛年期。作为一个园林体系,它的独特风格已经基本上形成了。

隋朝的西苑规模很大,是继汉武帝上林苑后最豪华壮丽的一座皇家园林。西苑以周围约5km的大湖作为主体,湖中以土石作蓬莱、方丈、瀛洲诸山,山上置台观殿阁。此外还有5个湖面(南、北、东、西、中),用渠道相沟通。

唐代的私家园林兴盛,贵族、官僚筑园者甚多,大部分均集中在城东南曲江一带。此外的东郊与南郊也有不少私家园林。东都洛阳,作为陪都也是贵戚、达官竞相筑园的地方。白居易的宅园即建于此。宰相李德裕的私园平泉山庄则建造在城的南郊。除长安、洛阳外,一些文人筑别业、建草堂,都以自然山林景色为主,略加人工建筑而已。这些由文人亲自参与规划的园林,富有浓重的诗情画意。唐长安还出现了我国历史上的第一座公共性质的大型园林——曲江,其性质不同于苑囿与私园,它除为官府享用外,平时可供居民游赏。

全盛期的审美风格是:绿化布置不仅注意品种,而且隐映园林建筑,隐露结合,注意造园意境,形成了环境优美的园林建筑。园林从仿写自然美,到掌握自然美,由掌握到提炼,进而把它典型化,使我国古典园林发展形成为写意山水园阶段。

4.成熟期——宋、元、明、清(公元960—1911年)

继唐代盛期之后,中国封建社会的特征已发育定型,农村的地主小农经济稳步成长,城市的商业经济空前繁荣,市民文化的勃兴为传统的封建文化注入了新鲜血液。封建文化的发展虽已失去汉、唐的闳放风度,但却转化为在日愈缩小的精致境界中实现着从总体到细节的自我完善。相应地,园林的发展亦由盛年期而升华为富于创造进取精神的完全成熟的境地。

宋代造园非常注意利用绚丽多彩、千姿百态的植物,并注意四季的不同观赏效果。乔木以松、柏、杉、桧等为主;花果树以梅、李、桃、杏等为主;花卉以牡丹、山茶、琼花、茉莉等为主。临水植柳,水面植荷渠,竹林密丛等植物配置,不仅起绿化作用,更多的是注意观赏和造园的艺术效果。文人画家陶醉于山水风光,企图将生活诗意化。借景抒情,融汇交织,把缠绵的情思从一角红楼、小桥流水、树木绿化中泄露出来,形成文人构思的写意山水园林艺术。

元朝在园林建设方面不像宋朝那么诗情画意,比较有代表性的是元大都和太液池。元在金中都的基础上建宫城，以金离宫为中心，东建宫城，西建太后宫，外以城墙回绕，两宫和琼华岛御苑为王城，并在外廓建土城，称为“大都”。忽必烈建大都时，把北京的北海地区作为新城的核心部分，把琼华岛易名万岁山。他住在这里，把金海易名为太液池。太液池东为大内，西为兴圣宫(今北京图书馆旧馆)、隆福宫，三宫鼎立。万岁山南面有仪天殿(即今日的团城)。元代私家园林也有所建，如苏州的狮子林等。但与宋朝时期所建园林不能比拟。

明代西苑是在元代太液池的基础上加以发展而成的。元代太液池只有北海和中海两部分，明代又开凿南海，于是形成了中、南、北三海，清代在三海中进一步兴建。由于三海紧靠宫殿，景物优美，所以成为帝王居住、游憩、处理政务等的重要场所。清代帝王在城内居住时，常在西苑召见大臣，处理国政。宴会王公卿士，接见外蕃，召见武科校技与慰劳出征将帅等，都在南海惇叙殿、涵元殿、瀛台、紫光阁等举行，冬天还在西苑举行“冰嬉”。紫禁城皇宫殿宇的庄严与三海的自然条件，生动地形成对比，愈显得三海景色的幽美自然。三海本身布局的成功之处主要是把狭长的水面处理得毫无呆板，而是灵活生动，各有其姿态。

清初，康熙皇帝为了笼络蒙古族等少数民族以及避暑的需要，在承德兴建了行宫避暑山庄。康熙时期，避暑山庄有三十六景，到乾隆又增三十六景，共七十二景，景景各异。当游人循径登高、立于山颠、鸟瞰山庄园林时，但见由岛洲堤桥分割成的若干水景区，湖水清波荡漾，万树成园，水面植荷，亭台楼阁隐露其间，涧泉潺潺，长流不断，山光水色，竞秀争奇。这时人们就会发现，由行宫区、湖洲区、谷原区、山岭区组成的山庄园林意境，凭着这一带的天然胜地，人工为之，巧夺天工，妙极自然。除此之外，清时期还建有清漪园(颐和园)、圆明园等规模宏大的皇家园林。此时期除建造了规模宏大的皇家园林之外，封建士大夫们为了满足家居生活的需要，还在城市中建造以山水为骨干、饶有山林之趣的宅园，在不大的面积内，追求空间艺术的变化，风格素雅精巧，达到平中求趣，拙间取华的意境，满足以欣赏为主的要求。

成熟期的审美风格是：皇家园林有均衡、对称、庄严、豪华以及威严的气氛。江南地区的私家园林，多建在城市，并与住宅相联。楹联、诗词、题咏与园林相结合，利用文学的手段深化人们对园林景色的理解，启发人们的想象力，使园林更富有诗情画意的手法在我国这一时期园林中也是极为成功的。在园景的处理上，善于在有限的空间内造成较大的变化，巧妙地组成千变万化的景区和游览路线。常用粉墙、花窗或长廊来分割园景空间，但又隔而不断，掩映有趣。通过画框似的一个个漏窗，形成不同的画面，变幻无穷，堂奥纵深，激发游人探幽的兴致。而且园林有虚有实，步移景换，主次分明，景多意深，其趣无穷。

此后我国便进入现代园林阶段。

## 第三节　园林的流派

流派是指学术、文化艺术等方面有独特风格的派别。园林的流派是指由于地理环境、文化积淀不同所形成的风格各异的园林派别。

**一、世界园林的流派**

（一）中国自然山水园

中华民族长期以来是以种植农业为主要生产方式的国家。种植农业与大自然紧密相连，因此我国的民族意识中有着与自然很亲密的感情。依赖自然、融入自然，与大自然和谐相处，顺应自然以求生存与发展，这就是天人合一的理念。这一理念表现在园林中就是模拟自然而高于自然，也就是所谓的“虽由人作，宛自天开”（见彩图 5-1,5-2）。因此，中国园林是以自然山水为骨架，以植物材料为肌肤，形成曲径通幽、庐舍隐现的人间仙境。造景技法上运用了“巧于因借”等手法，在有限的空间里创造了无限的风光。运用隔景、障景、框景、透景等手法分隔组合空间，形成了多样统一的不同景点：山泉洋溢、瀑布泻流；清涓潺湲、溪中鱼游；水边杨柳摇曳、枝头鸟栖鸣奏；听风窗廊、观雨亭楼；百卉争翠荣满地，万花嫣红芳菲幽。可谓：步移景异，异景韵悠；静中有动，涵而蓄厚；动中有静，蓄而涵稠。

宋代以后，又在模拟自然的基础上强化了人们在精神思想和文化上的追求，形成了写意山水园。以诗词歌赋命题、点景，作为造园的指导思想，达到了诗情画意的境地，成为中国传统园林的精髓，高于世界各国造园，独树东方园林的旗帜，是世界园林中的一颗最为灿烂的明珠（见彩图 5-3,5-4,5-5,5-6,5-7）。

（二）意大利台地式别墅园

西方园林的发展始于意大利的“文艺复兴”时期。意大利是一个半岛，境内山陵起伏，国土北部的气候如同欧洲中部温带地区的气候。在山丘上，白天可以承受凉爽的海风，晚间也有来自山上林中的气流，清凉怡人。由于这些山形与气候的特点，意大利庄园大多建筑在面海的山坡上，就坡势而做成若干层台地，所以产生了所谓台地园。台地园中，各层台地的连接是直接由地势层次自然而然地连接，主要建筑往往置在最高层的台地上，建筑具有俭朴充实的风格。

台地因造园模式是在高高耸立的欧洲丝杉林的背景下自上而下借势建园，房屋建在顶部向下形成多层台地，中轴对称，设置多级瀑布、雪水、壁泉、水池。两侧对称布置整形的树木及花卉，加之大理石的神像、花体、动物等雕塑。人们在林中，可居高临下，海风拂面；低头俯瞰，独特的地中海风光则尽收眼底（见彩图 5-8）。

（三）法国宫廷式花园

16～17 世纪，意大利文艺复兴式园林传入法国。法国多平原，有大片天然植被和大量的河流湖泊。法国人并没有完全接受台地园的形式，而是把中轴线对称均齐的规整式的园林布局手法运用于平地造园。17 世纪后半叶，路易十三国王统一法兰西。路易十四时是法兰西的极盛时代，为了表示他的至尊和权威，建造了宏伟的凡尔赛宫苑。凡尔赛宫占地极广，大约 600 余 $hm^2$。

路易十四在位的数十年间，凡尔赛建设工程一直不停地陆续扩建和改建。这座园林不仅是当时世界上规模最大的名园之一，也是法国君权的象征。以凡尔赛为代表的造园风格被称做“勒诺特式”或“路易十四式”，这种园林开创了西方园林发展史上的新纪元，正如意大利文艺复兴所曾有过的影响一样，法国的“勒诺特式”园林在 18 世纪时风靡全欧洲乃至世界各地。影响到德国、奥地利、荷兰、俄国、英国等许多国家的造园风格，但这些模仿的设计，在艺术表现的技巧上远不及祖师，不切实际的崇拜模仿反而显得不伦不类。

园林形式从总体上讲是平面化的几何图形：即以宫殿建筑为主体，向外辐射为中轴对称或拟对称的模纹花坛群，并按轴线布置喷泉、雕塑。树木采用行列式栽植，多整形修剪为圆锥体、四面体、矩形等等，形成了中心区大花园（见彩图 5-9）。人们尽情地沐浴在阳光明媚、五彩缤纷的花丛中。四周茂密的林地中同样有笔直的道路通向四处，以满足到较远的地方去骑马射猎、泛舟野游的需要。

（四）英国自然风致式园林

英国的风致式园林兴起于 18 世纪初期，它否定了纹样植坛、笔直的林荫道、方整的水池、整形的树木，扬弃了一切几何形状和对称均齐的布局，代之以弯曲的道路、自然式的树丛和草地、蜿蜒的河流，讲究借景和与园外的自然环境相融合，后来英国的风景式园林摒弃花卉，避免利用建筑点缀，只铺设大片草坪，配置一簇簇林木，形成天然般景物，用少量水流创出大江大河的幻觉。园林周围掘出一条干沟式“隐垣”而不砌界墙。

风致式园林比起规整式园林，在园林与天然风致相结合、突出自然景观方面有其独特的成就。但物极必反，却又逐渐走向另一个极端，即完全以自然风景或者风景画作为抄袭的蓝本，以至于经营园林虽然耗费了大量人力和资金，而所得到的效果与原始的天然风景却没有什么区别。看不到多少人为加工的点染，虽本于自然但未必高于自然，这种情况也引起了人们的反感。因此又复使用台地、绿篱、人工理水、植物整形修剪以及日晷、鸟舍、雕像等建筑小品；特别注意树的外形与建筑形象的配合衬托，以及虚实、色彩、明暗的比例关系。这时通过在中国的耶稣会传教士致罗马教廷的通讯，以圆明园为代表的中国园林艺术被介绍到欧洲。英国皇家建筑师钱伯斯（William Chambers）两度游历中国，归国后著文盛谈中国园林，并在他所设计的丘园中首次运用所谓“中国式”的手法，法国人称之为“中英式”园林，在欧洲曾经风行一时。

园林形式的理念是：崇尚自然的自然主义风情园。特色为起伏、辽阔的草地，远眺有片片疏林草地，近观有成片的野花散发着芬芳，曲折小径环绕在起伏的丘陵间，木屋陋舍点缀其间，没有更多的人工雕琢之气(见彩图 5-10)。

### 二、中国园林的流派

中国园林流派虽然众多，但基本形式都是追求自然和谐的审美意境(见彩图 5-11)。

#### (一)北方园林

北京是北方造园活动的中心，分散于北京内外城的宅园均具一定规模。北方气候寒冷，建筑形式比较封闭、厚重，园林建筑亦别具一种阳刚、崇高之美(见彩图 5-12)。北京是帝王将相之都，私家园林多为贵戚官僚所有，布局注重仪典性的表现，因而规划上使用轴线较多，叠山用石以当地所产的青石和北太湖石为主，堆叠技法亦属浑厚格调(见彩图 5-13)。植物栽培受气候的影响，冬天叶落，水面结冰，很有萧瑟寒林的悲壮之美感。规则布局的轴线、对称形式的运用较多，赋予园林以更为浑厚浓重的气度。比较著名的有一亩园、清华园、勺园等。王府花园(见彩图 5-14)是北方私家园林的一个特殊类别，它们的规模一般比宅园大，规制也稍有不同。北方园林还有规模宏大的皇家园林，如北海(见图 5-15)、颐和园等。

#### (二)江南园林

主要指以苏州、杭州、无锡、南京、上海、常熟等城市为主的江南私家园林。我国素有“江南园林甲天下，苏州园林甲江南”之美称。江南园林以人工造景为主(见彩图 5-16)；讲究建筑的玲珑奇巧和细部处理；楹联诗词题咏与园林艺术紧密结合，通过文字渲染园林的诗情画意，深化人们对园林景色的理解，启发人们的想象，烘托出江南园林特有的平淡、深远的文化气氛(见彩图 5-17)；内容包罗众多，融居住、聚友、读书、听戏、赏景诸多功能于一园(见彩图 5-18)。

#### (三)岭南园林

岭南是指五岭以南，五岭是：越城岭、都庞岭、萌渚岭、骑田岭和大庾岭(揭阳岭)，五岭合称南岭或岭峤。它们分布于湖南、江西的南部和广西、广东的北部。岭南园林艺术上强调园林自然特质，依势而设，充分利用山泉湖岛优势及水石景栽的特点，以清新旷达、素朴生动取胜。造园布局平易开朗，较少江南园林的深庭曲院的空间构设。其庭落潇洒大方，层次分明，建筑重视选址，造型洗练简洁，色调明朗，装修注重本土特色，构成一种不似北方之壮丽、不似江南之纤秀的朴素典雅、轻盈畅朗的岭南格调(见彩图 5-19，5-20)。

#### (四)扬州园林

主要指明、清时期扬州的私家园林。扬州地处江淮之间，南北文人、工匠融会交流，园林风格兼具南方之秀、北方之雄，在造园艺术上异于苏州园林。苏州园林咫尺山林，仅限于园内的叠石为山、凿池理水，扬州园林重视园外四周环境的改良，使其环境自然山水化，因而相对具有较为开敞的特点。特别是利用瘦西湖临河湖的水面以及蜀冈起伏的山岭之势，内外结合形成集锦式的滨水园林群落。扬州大型园林多数中部为池，以厅堂为一园主体，两者有机配合，池旁筑山，点以亭阁，并以花墙、山石、树木等为园林间隔，丰富景观层次。寄啸山庄（又名：何园）（见彩图 5-21）为其代表。中小型园林则倚墙叠山石，下辟水池，适当地辅以游廊水榭，结构十分紧凑。总之，扬州园林在平面布局上较为规整，动、静观结合，妙处在于立体交通与多层观赏线，如复道、廊、楼、阁以及假山的窦穴、洞曲、山房、石室皆上下沟通。在园林特色上则以“叠石”胜，叠山亦有独特成就。在园林建筑方面则兼采南北方特点，单体处理尤善利用楼层（见彩图 5-22）。花木亦兼具南北两地之长，如芍药、牡丹等北方花卉在此大为茂盛。

（五）巴蜀园林

巴蜀园林是指我国四川一带的园林。巴蜀园林与皇家园林、私家园林面向的对象和范围不同，因而更接近民间，更直接、更真切地面对普通人生，具有一种质朴之美。四川盆地有着优越的自然风景条件，构景素材丰富，因而园林更偏重于借助自然景观，更着力于“因地制宜”、“景到随机”，通过剪辑、调度、点缀环境，“自成天然之趣，不烦人事之工”，创造出以天然景观为主、人工造景为辅的园林环境（见彩图 5-23）。巴蜀园林是自然与人工的高度融合与大量人文景观的交织，建筑群体布局的随形就势，充满着对飘逸、洒脱的自然风韵的追求。这些与帝王御苑和私家园林有着很大的差异，它既没有北方宫殿苑囿的雕梁画栋、富丽堂皇，也有别于江南园林的曲折蜿蜒、精巧细腻，而是以古朴自然、粗犷大方、清幽雅秀为其独特的审美风格（见彩图 5-24）。巴蜀地区因山地众多，在山地园林的群体布局上积累了丰富的实践经验，结合地势、适应地貌、巧用地形、智取空间，手法灵活多样，富于创造。其园林艺术所表现的审美意境，主要是追求一种天然之趣和自然情调，追求一种把现实生活与自然环境协调起来的幽雅闲适的美。

## 阅读（五）　　园林意境

### 一、园林意境的特征

意境之所以能引起强烈的美感，主要是因为它还具有以下特征：

1. 意境具有生动的形象

“意境”引起人的美感，首先就是它的生动形象。意境中的形象集中了现实美中的精髓，也就是抓住了生活中那些能唤起某种情感的特征，意境中的景物都经过情感的过滤，所以说是情中景。

2. 意境中饱含艺术家的情感

有人说“以情写景意境生，无情写景意境亡”，这是有道理的。在这里，自然的特征和艺术家情感的特征是统一的，而且前者从属于后者。当自然景物被反映在艺术中，它就不再是单纯的自然景物，而是一种艺术语言，透过自然景物表现了艺术家的思想感情。刘熙载在《艺概》中说：“志士之赋，无一语随人笑叹。”“赋欲不朽，全在意胜。”

3. 意境中包含了精湛的艺术技巧

意境是一种创造。在意境中所使用的语言、色彩、线条都是很富有表现力的，既表现了情感，也描绘了景色的美。如毛泽东词句：“看万山红遍，层林尽染，漫江碧透，百舸争流。鹰击长空，鱼翔浅底，万类霜天竞自由，怅寥廓，问苍茫大地，谁主沉浮。”又如郑板桥联：“删繁就简三秋树，标新立异二月花。”如果没有艺术技巧，就无法准确表达自己的思想、情感和感受到的各种各样的美。

4. 意境中的含蓄能唤起欣赏者的想象

意境中的含蓄，使人感到“言有尽而意无穷”、“意在言外，使人思而得之”。意境的这种特性是和它对生活形象的高度概括分不开的。

意境是主观与客观的统一，是客观景物经过艺术家思想感情的熔铸，凭借艺术家的技巧所创造出来的情景交融的艺术境界，诗的境界。

## 二、园林意境的创造

1. 如何获得意境

对作者来说，只有用强烈而真挚的思想感情，去深刻认识所要表现的对象，去粗取精，去伪存真，经过高度概括和提炼的思维过程，才能达到艺术上的再现。简而言之，即“外师造化，中得心源”。齐白石笔下的虾如此生动活泼、栩栩如生，是由于画家对虾有极大的爱心，对它们做了长期深入的观察，有了全面而又深刻的了解之后，才能把握住对象的精神实质，画起来得心应手，作品生动传神。

一件艺术作品应该是主客观统一的产物，作者应该而且可以通过丰富的生活联想和虚构，使自然界精美之处更加集中，更加典型化，就在这个“迁想妙得”的过程中，作者会自然而然地融进自己的思想感情，而在作品上也必然会反映出来。这是一个“艺术构思”的过程，是“以形写神”的过程，是“借景抒情”的过程，是使“自然形象”升华为“艺术形象”的过程，也就是“立意”和创造“意境”的过程。

2. 具有情景交融的构思

园林意境的创造，首先应具有情景交融的构思。只有在情景交融的构思的基础上，运用设计者的想象力去表达景物的内涵，才能使园林空间由物质空间升华为感觉空间。

例如苏州耦园，耦园的主人沈秉成是清末安徽的巡抚，丢官以后，夫妇双双到苏州隐居。“耦园”的典型意境在于夫妻真挚诚笃的“感情”。“耦”与“偶”相通，在这里寓指夫妇两人隐居归田一起耕作相与终老的意思。故园中造景、题名，处处突出一个“偶”字，抒写了一对双隐归田的佳偶的情操与生活。

在西园有“藏书楼”和“织帘老屋”，织帘老屋四周有象征群山环抱的叠石和假山，这个造景为我们展示了他们夫妇在山林老屋一起继承父业织帘劳动和读书明志的园林艺术境界。在东花园部分，园林空间较大，其主体建筑北屋为“城曲草堂”，这个造景为我们展示出这对夫妇不慕城市华堂锦幄，而自甘于城边草堂白幄的清苦生活。每当皓月当空、晨曦和夕照，我们可以在“小虹轩”曲桥上看到他们夫妇双双在“双照楼”倒影入池、形影相怜的图画。楼下有一跨水建筑，名为“枕波双隐”，又为我们叙述夫妇双栖于川流不息的流水之上，枕清流以赋诗的情景。东园东南角上，临护城河还有一座“听橹楼”。这又为我们指出，他们夫妇双双在楼上聆听那护城河上船夫摇橹和打桨的声音。在耦园中央有一湾溪流，四面假山拥抱，中央架设曲桥，南端有一水榭，名山水洞，出自欧阳修“醉翁之意不在酒，而在山水之间也”。东侧山上建有吾爱亭，这又告诉我们，他们夫妇在园中涉水登山，互为知音，共赋“高山流水”之曲于山水之间，又在吾爱亭中唱和陶渊明的“众鸟欣有托，吾亦爱吾庐。既耕亦已种，时还读我书”的抒情诗篇。

耦园就是用高度艺术概括和浪漫主义手法，抒写了这对夫妇情真意切的感情和高尚情操的艺术意境，设计达到了情景交融。

3.园林意境的创造手法

园林艺术是所有艺术中最复杂的艺术，处理得不好则杂乱无章，哪来意境可言，总是按古人的诗画造景也就缺少新意。清代画家郑板桥有两句脍炙人口的诗句：“删繁就简三秋树，标新立异二月花”，这一简、一新对于我们处理园林构图的整体美和创造新的意境有所启迪。

(1)简　园林景物要求高度概括及抽象，以精练的形象表达其艺术魅力。因为越是简练和概括，给予人的可思空间越广，表达的弹性就越大，艺术的魅力就越强，亦即寓复杂于简单，寓繁琐于简洁，就会显露出超凡脱俗的风韵。

简就是大胆的剪裁。中国画、中国戏曲都讲究空白，“计白当黑”，使画面主要部分更为突出。客观事物对艺术来讲只能是素材，按艺术要求可以随意剪裁。齐白石画虾，一笔水纹都不画，却有极真实的水感，虾在水中游动，栩栩如生。白居易《琵琶行》中有一句诗“此时无声胜有声”。空白、无声都是含蓄的表现方法，亦即留给欣赏者以想象的余地。艺术应是炉火纯青的，画画要达到增不得一笔也减不得一笔，演戏的动作也要做到举首投足皆有意，要做到这一点，就要精于取舍。园林景物也是如此。

(2)夸张　艺术强调典型性，典型的目的在于表现，为了突出典型就必须夸张，才能给观众在感情上以最大满足。夸张是以真实为基础的，只有真实的夸张才有感人的魅力。毛泽东描写山高"离天三尺三"，这就是艺术夸张。艺术要求抓住对象的本质特征，充分表现。

(3)构图　我国园林有一套独特的布局及空间构图方法，根据自然本质要求"经营位置"。为了布局妥帖，有艺术表现力和感染力，就要灵活掌握园林艺术的各种表现技巧。不要把自己作为表现对象的奴隶，完全成为一个自然主义者，造其所见和所知的，而是造由所见和所知转化为所想的，亦即是将所见、所知的景物经过大脑思维变为更美、更好、更动人的景物，在有限的空间产生无限之感。艺术的尺度和生活的尺度并不一样，一个舞台要表现人生未免太小，但只要把生活内容加以剪裁，重新组织，小小的舞台也就能容纳下了。在电影里、舞台上，几幕、几个片断就能体现出来，而使人铭记难忘。所谓"纸短情长"、"言简意赅"，园林艺术也是这样，以最简练的手法，组织好空间和空间的景观特征，通过景观特征的魅力，创造出动人心弦的空间，便是意境空间。

有了意境还要有意匠，为了传达思想感情，就要有相应的表现方法和技巧，这种表现方法和技巧统称为意匠。有了意境没有意匠，意境无从表达。所以一定要苦心经营意匠，才能找到打动人心的艺术语言，才能充分地以自己的思想感情感染别人。所以，中国园林特别强调意境的产生，这样才能达到情景交融的理想境地。

……

——摘自衣学慧主编的《园林艺术》，中国农业出版社，2006年7月第一版

**思考题**：举例说明园林的意境美。

# 第六章　园林审美

对于园林美的观赏与审美属于大众美学研究范畴，从事园林工作的专业人士有两点是必备的常识：一是基本的观赏方法；二是对于审美心理的把握。

## 第一节　园林审美的基本概念与方法

### 一、园林的景观

景观是指为人所感知的各种天然景物与人工景物。一般分为自然景观与人文景观。按《辞源》字义分析：景，本义是日光，亮光，引用为被观赏的对象；观，本义是仔细看，引用为观赏者的行为和感知过程。观赏风景是主客体相互作用的结果，而不是被动接受。

景观是与人的主观审美评价分不开的，景的品质以观赏者的审美观为转移。景观美具有客观性与社会性相结合的特点。

（一）自然景观与人文景观

1. 自然景观

自然景观是指人对未经人为加工改变的一切自然景物所感知的景象。如作为天象的日、月、星、辰；作为气候的风、霜、雨、雪；作为地形的山岭、原野、江湖、草原、森林、沙漠、冰川；作为水体的河、海、泉、瀑。此外，还有各种树木、花卉、禽兽、鱼类、昆虫，以及那些作为自然奇观的日出、云海、潮汐、海市蜃楼、极光、佛光、飞瀑、溶洞、峡谷、奇峰异石等，也是自然景观中颇有吸引力的部分。中国风景园林艺术以自然景观为本，人造景观也力求与自然融为一体。

2. 人文景观

人文景观也称文化景观。是人对人工建造的实物及社会现象所感知的景象。如城镇、街市、房屋、道路、桥梁、村落、田园、牧场、陵墓、寺院、宫观、石窟、崖画、雕刻、原始文化遗址、古战场、名胜古迹、风景园林、政教礼仪、民俗风情等。中国风景名胜及各类园林中人文景观极其丰富，这是由几千年的文明古国及其历代文化的积淀所形成的。

（二）园林观赏的涵义

园林观赏是指人们对园林景物的审美感受和审美评价。

1.审美感受

审美感受是指审美主体对事物审美特性的直感、体验、判断、理解所形成的灵魂震动。

审美感受包括对美、丑、优美、崇高、悲剧性、喜剧性、幽默、怪诞等的审美感知与接受。它与美感不同，美感是指对美的事物的感受、体验、评价等，而审美感受除了感受美外，还对丑、崇高等进行审美的感受、体验、评价。

2.审美评价

审美评价是审美主体对客体审美价值的评估，是人对事物审美态度的反映与体现。

审美评价有鲜明的主观性、自主性，体现了主观的目的、爱憎、习惯，受人的审美观点、意志、情趣以及知识积累、文化艺术素养、想象力、判断力的制约，不同的人会对同一事物作出不同的审美评价。审美评价又有一定的客观性，受到客观条件和特定对象的制约，是特定对象的刺激所引起的主观评判活动，主体判断是否符合对象的审美特质，是审美评价的客观标准，还受到社会一定文化传统和社会风尚的制约，是一定时期社会生活和人的实践活动的结果，总是打上时代的、民族的、阶级的烙印。

审美评价包括对事物形式美和内容美的评估、态度。审美评价在审美直觉、感受、体验、认识、情感的基础上展开。人在进行审美评价时，虽不带实用的功利目的，但所表现的审美态度、情趣，已客观地包含了对事物社会功利内容的评价；而对社会、艺术中具有深刻、丰富社会内容的对象进行审美评价时，则经历了理性的判断，并渗透了一定的政治、伦理内容，表现为鲜明的爱憎态度。审美评价制约着人对事物的审美态度和审美意志行为。

园林观赏是在园林观赏主体与客体相互作用中进行的，因此作为观赏主体的人的视觉器官及其视觉规律的把握，人与景点的相互位置关系和观赏方法，都对它起着重要作用。此外，观赏主体的人的审美能力、观赏客体——园林艺术作品的审美质量等，也对此种审美活动的结果起着不可低估的影响。

## 二、审美主体对园林的观赏

审美主体是指认识、欣赏、评价审美对象和创造美的社会的人。人都是社会的人，但不一定是有审美能力的人。审美能力是指人以审美方式把握世界的特殊能力，是人的智慧结构的重要组成部分。审美能力是人所独有的特殊能力，它以健全的生理机制为自然基础，是在后天的生活实践、审美实践和学习、借鉴、训练中形成、积累和发展起来的对审美信息接受、传导、储存、处理、加工、转换、再生成的能力。审美能力是情感活动的专门能力，它以丰富的知识积累、高度的美学修养为基础，只有通过学习与实践，才能不断提高我们的审美能力。审美对象也称审美客体，是指被主体认识、欣赏、体验、评判改造的具有审美特质的客体事物。作为审美客体的园林，我们怎样欣赏与感悟她的美呢?

(一)园林的观赏

1. 观赏点

观赏点又称视点，指人们观赏风景时人眼的空间位置。观赏点的高度一般取人眼距离地面的高度，平面位置决定于与作为观赏对象的景点的对应关系。这种关系既决定于观赏对象的景物本身的造型，又决定于观赏的距离，此外还要考虑视线联系的可能性。由于园林是大尺度的三维空间环境，人们对它的观赏是在其中多方面进行的，所以观赏点不只一个，人们对它的艺术形象的感受往往是在许多观赏点上得到的审美感受共同作用的结果。

2. 观赏路线

观赏路线也叫游览路线，它既是园林中的交通线，又是贯穿各个观赏点的供人们游赏的风景线，对风景的展开和观赏程序起着组织作用。中国古典园林在这方面有着丰富的经验，如江南园林中的观赏路线，常采用以山池为中心的环行路线，或在环行线中加一至数条登山越水的小径，并使它们在花木、山石、屋宇、墙垣间反复穿行，忽隐忽现。这样才能使园景一幕幕展开，逐步引人入胜，达到曲折幽深、小中见大的效果。

3. 视域

视域指人眼观赏的视野，即眼睛看到的范围。其范围决定于眼球的构造。人的视觉数眼底网膜的黄斑处最敏感，但黄斑面积不大，只有6°～7°范围内的景物能映入，映入人眼的景象离此越远则识别力越低，我们若以其中央微凹处为中心作一中视线，再以此点为心作锥，则此锥即为视域。一般视域以30°内所见景物较清楚。

4. 视距

视距也称观赏距离，指视点至一观赏对象之间的距离。这种距离一方面决定于作为观赏对象的景物的高度，以及人们对它的观赏要求；另一方面也决定于人的视力。对于一般建筑景观而言，如200m之内可看清个体建筑，200～700m之间可看清群体建筑的轮廓，而1200m之外则只能隐约看到群体建筑的轮廓。所以说，即使一个美的景物，若无合适的观赏距离也难以取得理想的观赏效果。

5. 视角

视角亦称观赏角，指视点与景物上部轮廓连接线与视平线之间所成之夹角。通常取垂直、水平两个方向的视角作为衡量建筑观赏的标准。一般观赏建筑的水平视角约为60°，若以垂直视角而言，当视距与物高之比为1∶1，即视角成45°时，适于观赏建筑局部；当视距与物高之比为2∶1，即视角成27°时，适于观赏单幢建筑整体；当视距与物高之比为3∶1，即视角成18°时，适于观赏建筑群。此外，由于观赏者与观赏对象所处位置高低的不同，其观赏角与观赏效果亦不同。

（二）园林的静态观赏与动态观赏

1. 静态观赏

静态观赏是指人们在一定观赏点上对园林景观的欣赏。作为观赏对象的主景、配景、前景、背景，各种空间层次构图都是不变的。并且还因为观赏者停留的时间较长，可以仔细品尝寻味，所以对景点设计要求较高，需要多方面的景物配合，以免使人一眼看穿，流于单调乏味。中国古代江南园林中，这种观赏点多设在亭廊台榭里，尤其厅堂作为全园活动中心，也就成了主要观赏点，它常居主要园景正面，隔水面山而立，此外再环绕山水布置一些次要的观赏点。

2. 动态观赏

动态观赏是指人们在游览过程中对园林景观的观赏。作为观赏对象的景观应有系统地布置多种景物，构图像电影一样地连续展开，并且景随步移，每个景点的观赏时间很短，所以它们的设计不要过于复杂，而应着意于互相连接构成景观系列和整体性。动态观赏还有步行与车行之分，步行观赏时人们的视线主要放在附近的景观上，应该注意近景和路面的设计；车行观赏速度较快，两侧景观应在流动中形成使人印象深刻的轮廓线和天际线。

（三）园林的平视观赏、仰视观赏与俯视观赏

1. 平视观赏

平视观赏是指观赏者与观赏对象在同一高度。中视线与地平线平行而伸向远方，使人的视线可以舒展地平射出去。这种观赏使人的头部不必上仰下俯，可久视而不疲劳，适用于游憩疗养区域的观赏。如：杭州西湖风景区所以给人以平静安逸的感觉，这是与观赏者以平视观赏为主的观赏方法分不开的。

2. 仰视观赏

仰视观赏是指观赏者居低处而景观居高处，观赏者中视线上仰，不与地平线平行，此种观赏叫仰视观赏。它与地面垂直的线有向上消失感，故景物高度方向之感染力特别强，容易造成庄严肃穆的气氛，使观者感到自身的渺小。如：观赏天坛公园的祈年殿，站在祈年殿的台阶前观赏会给人以高大、直冲云端的感觉。

3. 俯视观赏

俯视观赏是指观赏者居高处而景居低处，中视线与地平线相交，景物展开于视点下方，此种观赏叫俯视观赏。它的垂直地面的诸直线向下产生消失感，景物越低则越小，使观者感到自身无比高大，而对方却十分渺小，大有登泰山而小天下的感觉。此种观赏尚有近俯与远眺之分，我国古代风景创作中常于悬崖峭壁上俯视万丈深渊，造成惊险效果；亦有高屋建瓴，水际设阁，欲穷千里目之感。

## 第二节 审美的基础理论

对于一座园林的的观赏过程，实质上是一个审美的过程。作为从事园林工作的人士，不但要了解审美心理方面的基本概念与理论；还要知道人的审美心理过程。

### 一、审美心理结构

审美也称审美活动，是人感受、体验、判断评价美和创造美的实践活动和心理活动。结构是指组成整体的各部分的搭配和安排。审美心理结构是审美主体内部反应事物审美特性及其相互联系的各种心理形式的有机组合结构。

（一）审美心理结构的产生与发展

新的审美心理结构产生、发展的根源在于人的审美实践和在实践中主客体审美关系矛盾运动的发展，是人类、个体长期社会实践、审美实践结构和特定时期生活结构、客体美结构内化的产物，是个体共时性建构、继时性积累和人类、群体历时性积淀相互作用的结果。

人既可以在审美活动中不自觉地、潜移默化地改变、发展原有的审美心理结构，又可以通过学习、训练、内省、反思和能动创造，进行自觉地建构、改组、充实审美心理结构。

（二）审美心理结构的作用

审美心理结构是构成主客体审美关系的中介和审美、创造美活动赖以产生、发展的心理构造。它既是人的总体心理结构、文化心理结构的组成部分，又是包含着审美直觉、审美意识和审美潜意识等的整体审美心理系统。它以大脑皮层结构系统的机能为生理机制，在审美反射、感觉力等方面具有一定的遗传性。

（三）审美心理结构的性质

审美心理结构形成后有质的规定性，相对稳定性，人际之间的相似性，开放性，变易性，无限性和群体、个体之间的差异性。

随着社会生活，客体美和审美实践的发展以及审美中接纳信息的丰富化，人在同化、顺应对象的过程中不断打破原有的心理平衡，更新着原有的审美心理结构。

（四）审美意识内容结构与审美心理形式结构

审美心理结构是多因素、多层次的有机组成的动力结构系统，是由审美意识内容结构和审美心理形式结构整合而成。

1. 审美意识内容结构

审美意识内容结构包括审美认识、审美情感、审美意志这三个相互制约、相互渗透、相互生成的有机组成部分，其中认识是基础，情感是动力和中心环节，意志是审美、创造美行为的内驱力和调节者，它们都渗透着社会、哲学、政治、伦理、文化、艺术的观念和个人的经验、气质、性格、兴趣、能力等。

(1)审美认识　审美认识亦称“审美感知”。是指审美主体对事物审美特性的感知过程和认识。审美认识在感觉的基础上，对美进行理性的分析，使人不仅体验到美，而且理解到美；不仅感受到什么是美，而且理会到它为什么美。

马克思主义美学认为，审美认识是人所独有的心理活动，能力，是对象内化和实践内化的结果。事物客观存在的审美特性是审美认识的对象和源泉，审美实践是它发生、发展的基础和目的。

人在实践中认识对象，从对象中确证自己的本质力量。它是个体的审美心理活动和群体的、社会的、历史的活动的统一体，受特定生产方式、生活方式的制约。不同时代、不同民族、不同审美心理结构的人，对事物会产生不同的审美认识，作出不同的审美判断。

学习、训练对审美认识的发生、发展起着积极的作用。审美认识过程服从于一般认识规律，经历了由片面到全面，由现象到本质，由直观到思维，由感知到理解的过程。同时又有自己的特殊性，主要是形象思维的过程。它从对形象的感觉、知觉开始，在头脑中形成表象，然后调动以往的心理积淀，展开联想、想象、分析、综合、判断，从而达到审美的理解或意会。

审美认识包括感性认识、理性认识两个阶段。感性认识阶段通过感官直接感知事物的外部审美特征，获得初级美感或审美快感；理性认识阶段借助抽象思维反映事物的本质和内部联系，获得具有丰富社会内容的高级美感。但它并不抛弃感性认识的成果，而是将之丰富化。

审美认识是审美心理活动的第一阶段，当它经过积累、总结、综合、系统化以后，便形成了人的审美经验、审美观念、审美理想、审美能力，并为审美心理活动的第二阶段的审美情感活动和第三阶段的审美意志行为奠定了认识论基础。它制约着审美情感和审美、创造美的意志行为的发生、发展，同时又受到情感、意志的激励、策动，三者相互渗透、相互推动，使审美的知、情、意活动达到有机的统一。

(2)审美情感　审美情感是指主体对审美对象是否满足自己的精神需要以及对自己进行内省所形成的主观体验和态度。审美情感是人的社会实践、审美实践的产物和高度发达的大脑的功能，具有个体的、群体的社会历史内容，是人的审美心理结构系统中的重要组成部分，是人在审美中的一种带有本质性的较为稳定、持久的心理状态。生理性的物质需要满足与否形成低级的机体情感；社会性的精神需要满足与否形成具有社会内容的高级的审美情感。

低级的机体情感的生理机制是大脑皮层和皮层下神经过程协同活动，在呼吸节律、心律、供血状况、分泌腺机能以及外部表情、动作、语言上具有表征。其客观基础是对象的审美特质同主体的需要以及实现需要的实践活动之间的效用关系、价值关系。对象激起人的自我意识，对主体有肯定价值，就产生喜、爱、敬等积极、肯定的情感体验，反之则产生悲、恨、惧等消极、否定的情感体验。其心理基础是主体的审美目的、理想，对审美对象的认识、评估，以及原先已积淀的审美经验、审美观点、性格、气质、能力等等，同时还受审美联想、想象和审美判断的制约。审美情感是生理系统与心理系统的整合，是主体与客体、外感与内蕴交互作用的结果，是审美目的与审美实践效果、感性直觉与理性把握的统一，并与道德感、理智感相互交织，相互制约，相互推动。审美情感有自发性与自控性，可不期而至，又可自我控制、调节、强化或弱化，顺向或逆向转换。有能动的增益性与弥散性，可以内扩散使对象打上自己的情感色彩，增进对象的美；同时还可以外扩散给他人，感染他人。

高级的审美情感在审美的直觉阶段即有情感介入，并使之迅速升华为具有社会内容的审美体验、审美判断；在理解、联想、想象中更溶入了丰富的情感内容，成为这些审美心理活动的内驱力，使之熔铸进主体的意识，强化、深化、泛化美感，使审美心理活动区别于一般意识活动。它是将各种心理内容、心理形式加以联结、沟通的网结点，在审美中居于中心的地位。

(3)审美意志　审美意志也称为“审美意志行为”。是指主体在审美中自觉调节自己的心理、行为，克服主客观障碍，以实现预期目的的心理活动。审美意志包括审美的目的、动机、志向，制订的行动计划，克服心理障碍的毅力等。审美意志是人的社会实践、审美实践的产物，体现了人的精神需求，是审美心理活动的第三阶段，审美意识中的理性部分。

审美意志的前提是审美心理活动第一阶段的认识活动，审美认识的真实性、真理性、深广性制约着审美意志的方向、性质和实现的可能性，其直接动力是审美心理活动第二阶段的审美情感、情绪活动，情感愈烈，意志、目的、动机就愈明确，行为就愈自觉、果断，愈有毅力。

审美意志活动一般经历两个阶段：一是决定阶段。确定审美、创造美的目的、动机、计划、方法；二是执行阶段。表现为审美、创造美的实际行为和克服障碍的决心、毅力。

意志是指人决定达到某种目的而产生的心理状态。审美意志与一般意志有联系又有区别。相同处是：审美意志与一般意志都具有自觉的目的性，鲜明的自主性、自控性和行为的果断性、坚毅性；不同处是：审美意志中的目的不包含实用目的，只是为了发现美、创造美，满足精神需要，自立、自控和果决、毅力都围绕审美、创造美的活动展开。

审美意志是审美意识中的理性内容和意识作用的内在基础，直接制约着审美选择、审美认识、审美评价和审美情感活动，是审美、创造美的内在驱动力，推动人自觉、自由地感受美、创造美，以实现改造现实、改造自己的预期目的。

2.审美心理形式结构

审美心理形式结构包括审美的感觉、知觉、表象、记忆、思维、判断、联想、想象、情绪，以及错觉、幻觉、幻想、通感、潜意识等相互递进、叠合、交叉、逆转的组成部分。

各种审美心理内容、心理形式之间既相互联结、交织和相互作用，又各自成系统，从而构成审美心理结构的系统网络。审美心理结构是审美、创造美的内在依据，客体的审美特性只有通过内部心理结构的中介作用才被人认识、接纳和改造，才产生审美感受、体验、判断和评价、创造。审美经验、审美需要、审美观念、审美态度等是它的具体表现，创造美的实践行为和创造的结果是它的外化，独特的审美意象和艺术创造中的个性、风格等则是它的个性特征的具体展现。

**二、审美心理过程**

审美心理过程是指审美心理活动的发生、发展和发挥能动作用的过程，是审美心理内容、心理形式的运动、演化的过程，包括：认识过程、情感过程和意志过程。

（一）认识过程

认识过程是审美的最基本的心理过程。即在原有心理结构的基础上通过同化、顺应作用，对事物的审美特性由感觉、知觉、表象到记忆、分析、综合、联想、想象再到判断、意会、理解的过程。它以第一信号系统与第二信号系统协同活动为基础，逐步由直观到思维，由片面到全面，由现象到本质，由感性到理性。它与一般认识过程的区别在于侧重形象思维，凭借形象进行联想、想象，并溶入情感，更具有创造性，形成客观的形象与主观的意识相统一的审美意象。人在认识事物审美特性后产生自我意识，形成具有主观倾向性的审美态度和情绪体验。

（二）情感过程

情感过程包括审美的心境、热情、激情、移情、共鸣、逆反等情绪活动。它受认识过程的制约，又推动认识过程的深化、泛化。当人进入情感活动后，又产生反作用于对象、改造对象的意志、行为，由此进入意志过程。

（三）意志过程

意志过程包括目的、决心、计划、行为、毅力等。它是审美心理过程的归宿，又促使认识、情感向纵深发展。

审美心理过程是对审美对象的形象信息进行接纳、识别、处理、加工、贮存、反应、转换、再生成和反馈的过程，是由接受刺激到能动创造的过程。它以一定的生理机制为基础，以实践为动力，是特定社会生活、客观事物审美特性和主体审美实践内化的过程，受对象和特定环境制约，又贯穿着主观能动性，实现由感性向理性的飞跃和由认识到实践、创造的飞跃。它具有递进性、阶段性，各种心理内容、形式可共时性或历时性地由直觉到思维，再到情感、意志，层层推进，具有迅捷性和非自觉性，在瞬息间迅速完成，往往不被主体意识到。审美，心理过程以主体与客观在实践中形成的特定审美关系为基础，是认识对象，形成审美意象、审美态度和创造美的内在依据。只有根据对象特性发挥人的心理功能，完成心理过程，才能认识美，创造美。

## 第三节　中国园林的审美特色

中国园林艺术之所以有着丰富的主题思想和含蓄的意境，原因在于中国园林美学思想的丰富和中国传统文化的博大精深。

中国园林是以自然山水园为基本类型。中国园林艺术创作从自然中感悟出，人的生命是自然的部分，由此孕育并上升为根深蒂固的审美意象。中国人一贯的自然审美意识，使中国园林成为自然山水园的发源地。纵观中国园林发展，我们可以看到，表现在园林中的这种具有中国人审美意味的园林观，绝不仅仅限于造型和色彩上的视觉感受以及一般意义上的对人类征服大自然的心理描述，而更重要的还是文化发展的必然产物。

### 一、崇尚自然

中国园林审美有崇尚自然美的传统情结。老子在《老子·道篇》中曰："人法地，地法天，天法道，道法自然。"把人与自然的关系看成是一种有序的统一体。正是这种文化精神开启了传统艺术崇尚自然、追求天趣的质朴之美，也对园林艺术的审美趣味产生了深远的影响。

我国传统园林艺术追求"虽由人作，宛自天开"，把"本于自然、高于自然"作为创作主旨，通过对山、水、植物、建筑等园林构景要素的搭配布局，达到人工与自然高度协调的境界。园林作为一种艺术形式，是我国传统文化的重要组成部分，而历代文人士大夫参与造园活动又把园林推向了更高的自然审美境界，赋予其鲜明的东方特色——情景交融、诗情画意。以王维的"辋川别业"为例。

辋川是陕西蓝田县嶷山间秦岭北麓一条美丽的川道。辋谷之水，出自南山辋谷，川水流出以后，蜿蜒流入灞河。从山上望下去，川水环流涟漪，好似车辋形状，由此得名。唐代诗人、画家王维的"辋川别业"就修在这里。别业是在宋之问辋川山庄（一称蓝田别墅）基础上修建的，开一代文人园林新风。园林原址在今蓝田县西南 10 多 km 处，现已湮没。当年王维因度地势，以画设景，以景入画，使辋水周于舍下，而景点建筑又散布于水间谷中林下，极具山林湖水之胜概，充满诗情画意及自然情趣。在清新宁静、生机盎然的山水中，王维感受到万物生生不息的生的乐趣，精神升华到了空明无滞碍的境界，自然美与心境美完全融为一体，创作出如水月镜花般的纯美自然诗境。如他的《山居秋暝》："空山新雨后，天气晚来秋。明月松间照，清泉石上流。竹喧归浣女，莲动下渔舟。随意春芳歇，王孙自可留。"王维对自然的观察极为细致，感受非常敏锐，像画家一样，善于捕捉自然事物的光和色，在诗里表现出极丰富的自然色彩层次感。如《送邢桂州》中："日落江湖白，潮来天地青。"《过香积寺》："泉声咽危石，日色冷青松。"《山中》："荆溪白石出，天寒红叶稀。山路元无雨，空翠湿人衣。"《终南山》："白云回望合，青霭入看无。分野中峰变，阴晴众壑殊。"日落昏暗，愈显江湖之白色；潮来铺天，仿佛天地也弥漫潮水之青色。一是色彩的相衬，一是色彩的相生。日色本为暖色调，因松林青浓绿重的冷色调而产生寒冷的感觉。红叶凋零，常绿的林木更显得苍翠，这翠色充满空间，空闲欲滴，无雨而有湿人衣裳的感觉。至于"白云回望合，青霭入看无"，则淡远迷离，烟云变灭，如水墨晕染的画面。王维以他画家的眼睛和诗人的情思：描天地自然之缥缈、天趣与神韵；绘山水物态之悠然、柔美与顺达。

崇尚自然美在我国历代文人的诗词歌赋与绘画等文学艺术中屡见不鲜。在民间更是对自然事物顶礼膜拜，如：称太阳为"太阳公公"；称土地为"土地爷"；称河流为"河伯"；称风为"风婆婆"等等。这种崇拜自然的情结基于我国长久的农耕文明，天地自然的风调雨顺会给人们带来丰衣足食的好年景。在科技不发达的先人那里，人的温饱是自然的赐予，依赖自然、崇拜自然，把自然事物作为自己的长辈来尊敬与自身的生存息息相关。因此，我国百姓对与农业生产有关的自然物几乎都以长辈相称，以示敬意。这与西方人对自然神的塑造有较大差异。

西方人所塑造的自然神与现实世界的人很接近。如太阳神阿波罗，关于他的神话很多。阿波罗是一个精力充沛，血气方刚的年轻人；瓜子型脸，容貌英俊，长发披肩，前额宽阔；头上常戴用月桂树等枝叶编织的冠冕。这位太阳神曾经斩杀恶龙皮同；也曾在特洛伊战争中，他的祭司受希腊人侮辱时，施瘟疫，使希腊人遭受侵袭；神女达芙妮为摆脱他的追求，变作月桂树；他还和波塞冬合力帮助特洛伊，建起牢不可破的特洛伊城墙等等。

西方的太阳神阿波罗似乎就是我们身边的一位"年轻人"，英俊潇洒，有朝气、有活力，敢爱敢恨；能建功立业，也会犯错误，他像凡人一样宠惯自己的儿子，使儿子丧生……太阳神阿波罗好像没有那么"神圣"。而我们的"太阳公公"却是一位高高在上的长者，除了"羿射九日"，我们几乎说不出"太阳公公"的具体故事。

世上只有一个太阳，为什么同一个自然物"太阳"会在中西人眼中有如此之大的差异呢？如前所述：崇拜自然的情结基于我国长久的农耕文明。对自然的肯定、热爱、崇拜在我国文明史上基本是：肯定—肯定—肯定；西方中世纪时期对自然美采取否定态度，西方人对自然美的认识历程是：肯定—否定—肯定。

中国园林审美有崇尚自然美的传统情结，根植于我国灿烂悠久的传统文化，受到农耕文明潜移默化的影响，它从起源发展，到独立成为一门艺术形式，都是以中国文明及其文化作为发展背景，从而具有了崇尚自然的审美特性。

**二、崇尚隐逸**

隐逸，对于"衣不遮体，食不果腹"的低层百姓来说是不现实的，温饱尚且解决不了，又何谈诗意般的隐逸栖居呢？对于古代文人士大夫来说就不同了，他们一生受着中国传统文化的熏陶，是有学识、修养和感情丰富的雅士，隐逸栖居成了他们仕途不济时归隐生活的唯一追求。这些文人雅士对于栖居之地的营造也是颇费心机的，同时他们又有"兼济天下"和"独善其身"的双重人格，出世、入世是他们一直面临的冲突，而协调这种冲突的正是田园之隐、山林之隐。于是，园林成为他们失意后的精神寄托，成了他们出仕与退隐的调节场所。随着我国山水诗、山水画的进一步发展，园林艺术的发展也取得了前所未有的发展成就。唐宋时期构建的园林多为文人写意园，写意成为其主要的艺术表现形式，意境的营造成为其重要的建园风格，这是与中唐文人士大夫所标举追求的林泉之隐的生活是一脉相承的。白居易《中隐》有："大隐住朝市，小隐入丘樊。丘樊太冷落，朝市太嚣喧。不如作中隐，隐在留司官。似出复似处，非忙亦非闲。不劳心与力，又免饥与寒。"这时所谓隐逸，已更多地成为园林的一种情调，一种审美趣味的追求，而文人园林的简远、疏朗、雅致、天然，则正是这种情调和追求的最恰当的表征。明清以后，古典园林艺术达到了成熟后的辉煌灿烂时期。文人、画家参与造园，很多人甚至成了专业造园家。

乾隆皇帝也先后主持修建或扩建"清漪园"、"圆明园"、"静明园"等大型皇家园林。他认为造园不仅仅是"对天然山水作浓缩性的摹拟，其更高的境界应该是有身临其境的直接感受"。今天我们走在颐和园里，如同走在历史的画卷中，隐含在园中的一个游牧王朝的是非荣辱、功过成败以及生活习俗是那么的清晰可现。如诗如画的园林景观、封建皇权的浩荡、能工巧匠的技艺、诗词歌赋的咏赞、历史文学典故的应用……所有这些，在每位游客的心里产生出不同的震撼和美的感受。

郑板桥在《题画·竹石》中说："十苏茅斋，一方天井，修竹数竿，石笋数尺，其地无多，其费亦无多也。而风中雨中有声，日中有影，诗中有情，闲中闷中有伴，非唯我爱竹巧，即竹石亦爱我也。彼千金万金造园亭，或游宦四方，终其身不能归享。而我辈欲游名山大川，又一时不得即往，何如一室小景，有情有味，历久弥新乎！"已经成为了一种文人士大夫心理上的审美联想的结果，胸中有天地，"一室小景"却可营造出"有情有味"的氛围。"以穷为荣，以穷自傲，穷中作乐"已渐渐演变成中国古代文人的处世哲学。

文学与与园林艺术的融合，更加弥补了文字叙述上的不足与空洞，也使得园林艺术更加引人入胜，使人身临其境、流连忘返。如拙政园中的扇亭，其真名为“与谁同坐轩”，所谓“与谁同坐”、“明月、清风和我”，倘若我们真正了解了这一景点诗文的出处来历，那么在我们的审美感受中，简单的一座扇亭便给了我们无穷的想象和穿越时空的审美感受。“与谁同坐”、“明月、清风和我”一种古典主义情怀油然而生，此处的“我”即可以是审美主体，也可以是诗文的作者，与古人同坐欣赏明月、清风，此种境界自是难以言传了。

**三、崇尚写意**

写意的原义是指国画的一种画法。指不求作品工细，着意注重表现神态和抒发作者的意趣，与“工笔”相对（工笔也是国画的一种画法，用笔工整，注重细部的描绘）。

意是要表达一种提炼过的审美体验。园林设计的动机则在于将理想中的生活状态在现实中筑造出来。这些行为直接而强烈地反映了行为主体的美学思想。设计中的景观，是人们在特定的文化环境中通过特定的媒介进行的表达。因此，园林不仅仅是单纯的自然或生态现象，也是文学艺术的一部分，受到特定的文化、社会和哲学因素的深刻影响。特定的文化背景和脉络影响到人们的信仰、思维方式、生活方式和传统甚至情绪，进而决定性地影响到人们的艺术品味以及艺术实践的方法。即在人对景观的感受性背后，存在着完整的思想体系。它先于感受而发生作用，并且决定了人对景观的态度，进而决定了园林的设计风格。

中国园林，尤其是中国文人园林是以自然写意山水园的风格而著称于世的。它的艺术特色，是两千年来知识分子阶层的价值观念、社会理想、道德规范、生活追求和审美趣味的结晶。知识分子阶层作为中国古代封建社会的一个特殊阶层，是文人与官僚的合流，居于“士、农、工、商”这样的民间社会等级序列的首位，具有很高的社会地位。他们中的精英分子密切联系着当代政治、经济、文化、思想的动态。他们把高雅的品位赋予园林即“文人园林”，成为民间造园活动的主流，也是涵盖面最广的园林风格。

黑格尔说，“中国是特别东方的”。中国园林的特别之一就是它崇尚写意。

写意，是中国艺术重要的美学特征。韩玉涛先生在《书意》一书中提到：“写意，是中华民族的艺术观，是中国艺术的艺术方法，它是迥异于西方的另一种美学体系。”中国艺术门类中的绘画、书法、戏曲、园林、舞蹈等，都是写意的，而中国园林的独特性之一也正是在于它崇尚写意。它运用写意的手法，表现形外之意、象外之象，从而使有限的园林空间具有了无限空灵的感受，产生情景交融的意境美，将园林空间的“画境”升华到“意境”。

中国山水画发展至唐代时有一个重要变化，即画家王维发明“破墨法”，首创“水墨渲淡，笔意清润”的水墨写意山水画。他将禅意引入画中，把人格精神巧妙地融入自然山水的艺术意境之中，创造了主体与自然融二为一、物我不分的写意境界，因而被后人称为文人画的鼻祖。形成这种审美趣味的主观因素就是禅宗哲学思想的兴盛，极大地影响了士大夫阶层的精神需要、心理结构和审美意识，这些都导致了文人园林情景意境和风貌的变化，即由写实向写意的转化。

园林的写意手法在叠石造山上得到最典型的表现。可以说，叠山艺术把“外师造化，中得心源”的写意方法在三度空间的情况下发挥到了极致。曰山，曰水，不过是一堆土石，半亩水塘而已，不求形似，唯其神似，而获“咫尺山林”之境。我国有“远则取其势，近则取其质”的说法，因为人对自然山水的观赏，只有在一定的空间距离和高度上，才能获得高耸入云、绵延万里的整体之势，而在山脚或山中，看到的只是杂树参天、石块嶙峋、老树盘根的局部景象，但从这局部的景象中，可以直观地感知是山的一部分，从而联想到山的整体，因此就有了“剩水残山”。虽然是一角山岩，半截树枝，却让人感知园外有园，山外有山。园林叠山理水也正是从这局部景象加以提炼、概括，集中表现出山的形“质”，人们才可能从局部的山麓意象中感到有涉身岩壑之境。明末江南著名的造园家张南垣，擅长叠山。他一反以小体量的假山来缩移模拟真山整体形象的传统叠山方法，从追求意境深远和形象真实的可入可游出发，主张堆筑“曲岸回沙”、“平岗小坂”等手法，从而创造出一种幻觉，仿佛园墙之外还有“奇峰绝嶂”，人们所看到的园内叠山好像是“处于大山之麓”而“截溪断谷，私此数石者，为吾有也”。这种主张以截取大山一角而让人联想大山整体形象的做法，开创了叠山艺术的一个新流派。计成在《园冶》中，对叠山从理论上概括出了“未山先麓”的原则。明代文人画家文徵明的曾孙文震亨对造园也有比较系统的见解，所著《长物志》一书的“水石”卷中，认为叠山理水“要以回环峭拔，安插得宜。一峰则太华千寻，一勺则江湖万里”之原则，足见明代叠山在宋代的基础上把叠石技巧发展到“一拳代山，一勺代水”的写意风格阶段。

19世纪末，中国古代文人写意园经过三千余年的发展演变，随着封建社会的解体而走完了它的历程。作为中国传统文化的一个重要组成部分，写意园以它独特的风姿，展现了中国文化的精英，显示出华夏民族的“灵气”。从历史上看，中国文人写意园的影响所及，不但达到朝鲜、日本，还远及18世纪的欧洲，西方不只一次地出现过历时甚久的中国园林热。从当今开放的现实看，1980年苏州网师园的“明轩”，出现在美国纽约大都会艺术博物馆，1983年体现了古典园林传统的“芳华园”，在德国幕尼黑国际艺展上荣获园艺建设中央联合大会金质奖章和德意志联邦共和国大金奖……这些都显示了中国文人写意园经久不衰的魅力和具有再生性的旺盛生命力。另外，在国内虽然时代和人们的观念已改变了，但中国文人写意园的美仍为人们所接受和赞赏，其原因不只是它的艺术魅力，并且是它具有一种内在的民族心理规定性，因为积淀在体现这些作品中的情理结构，与今天中国人的心理结构有相呼应的同构关系和影响。

伴随工业革命的发展，城市化进程的加快，人类社会摆脱了小农经济的羁绊，充分利用工业化成果大规模开发和改造自然，在享受电、煤气、汽车等现代设施便利的同时也饱尝疾病、噪音、污染之苦。此时人们对园林的认识已割裂了人与自然之间的有机联系，完全沉醉于人工环境建设与修饰之上。自然已成为配角，人工自然已改造和包围了原始自然。因此，1972年6月联合国大会《人类环境宣言》中指出："保护和改善人类环境已经成为人类一个迫切任务。"

中国的写意园林是自然写意山水园，"道法自然"是写意园林所遵循的一条不可动摇的原则。无论是"师法自然"还是"高于自然"，其实质都是强调"自然"，即在尊重自然的前提下改造自然，创造和谐的园林形态，达到与自然融为一体。在工业革命威胁人类生存的当今世界，这种思想本身就蕴含着某种解决的途径和哲学。

西方园林意在悦目，中国园林意在悦心。通过园林艺术表达人生感悟、情感追求和审美理想是中国写意园林的深邃之处。

**四、中国园林审美时的注意事项**

中国园林之所以被当今世人所不断探讨、审视、评价，是因为它承载着太多的文化基因。当我们鉴赏一座中国园林时，有以下几点需要注意：

（一）曲、含、隐、深

中国园林所承载的文化基因不是"直、白、露、满"地呈现在现实社会中，而是以"曲、含、藏、深"的形式独立于世界园林之林。同时，它以中国博大深厚的传统文化为基础，饱含着中华民族丰富的文化基因片段。如苏州园林的高墙深院式，从外表看极其平淡，甚至根本看不到，致使来到园外，只一墙之隔，竟不知里面另有一番天地。这本身就是一种"藏"。目的就是为了阻隔尘世，抵制喧嚣，使园内清静幽美的境界深藏而不至外泄。拙政园入口处，一进门，迎面就是一座错落而自然的黄石假山挡住去路和视线，这是园林的"障景"手法。文学创作有"开门见山"一法，园林创作则有"入门见山"一法，它反其道而行之，把要给人看的景色遮藏起来，不让人立即看到，这就能保证园内清幽的境界不外流。这种遮遮掩掩的含蓄，是一种意味深长的美，它能使人渐入佳境，慢慢品赏，感到妙趣无穷。人们要入园，就必须绕过假山，取道西侧小径，或穿过折西复折北的曲廊，或跨过架于池西的平曲小桥，才能向东进入主体建筑远香堂。当人们站在堂后的平台上，则楼台亭阁、山水风物纷至沓来，尽收眼底，心胸为之一舒。

（二）广博与渊奥

这里所讲的"自然、隐逸、写意"仅仅是综合了较为显著的几个方面，中国园林的审美特色岂止这区区几点。广博是指欣赏我国园林需要多方面的文学知识。我国园林在山水造景、建筑亭台基本完成之后，常常对风景点题，进行精加工，主要有对联、题匾、刻石、书条石、碑刻、竹刻、木刻及图记等。例如，人们游览北京颐和园前山景区，从临湖的云辉玉宇牌坊、排云门一直向上至排云殿、佛香阁等，常常会被眼前各种造型的殿堂、斋馆所吸引，而无暇顾及周围的整体风光之美。为了把游赏者的视线引向更远的风景空间中去，造园家在佛香阁西面设立了一座三层的楼阁，其题额为“山色湖光共一楼”，这7个字是告诉游人：这里有着美丽的湖光山色，楼台建筑不过提供了一个看景的观赏点。于是当人们理解了题额便会直上三楼，依栏欣赏“碧树黄墙相掩映，曲廊似带绕湖边”的前山景色，以及昆明湖一片波光潋滟、玉泉山和西山层峦叠翠的山水风景，加深对这一园林风景意境的体会。如果不懂“山色湖光共一楼”的提示则会浪费了大好景色。

渊奥是指我国园林、尤其是私家园林有许多渊微深奥之处，需要我们细细品味与琢磨，才能感悟其动态变幻之美和烟水迷离之美。如湖南省常德县桃花源的遇仙桥头立着一块石碑，上面刻有如下文字：

机时得到桃源洞
忘钟鼓响停始彼
尽闻会佳期觉仙
作唯女牛底星人
而静织郎弹斗下
机诗赋又琴移象
观道归冠黄少棋

看去，不知怎么念，原来这是一首“回旋拆字诗”，从“牛”开始，顺时针绕圈念，七字一句，句尾的字一半为下句的头。读：牛郎织女会佳期，月底……钟鼓响，音……棋。繁体字“响”的下旁为“音”。如不细细加以品味与琢磨，将不解其意，更无法感悟周围美景与桃花源曾经吸引仙道留迹的佳传。

## 第四节　园林的审美过程

园林的审美过程与审美心理过程相吻合。由于审美对象是园林，所以审美过程中又有与园林相关的审美特点。园林的审美过程分为三个阶段。

### 一、园林审美快感阶段

对于园林审美的这一阶段，园林界的专家们多有研究，有人称之为“观”，有人称之为“悦耳悦目”，多是移用他文，不是园林美学自身的语言体系。

园林审美快感，是指园林的外在感性形象作用于人的感官所引起的感官适宜。快感就是恬然适得、宜得其所的感觉。园林的外在感性形象多种多样：山石溪泉瀑洞径，亭台楼阁榭廊桥，花草树木鱼虫鸟，楹联匾额墙门窗，都是园林中的感性形象。人们进入一座园林首先通过这些外在形象获得最初的审美信息。这一阶段是园林审美的起始，有以下特点。

1. 审美客体形象的直观性

直观是人的感受器官在与事物的直接接触中产生的感觉、知觉和表象。直观不经过中间环节，是对客观事物的直接的、生动的反映。园林中的感性形象都是具体的实在物体，山石树木人们可以直接看到；鸟语流水人们可以直接听到；鲜花香馥人们可以直接嗅到；雕塑形体人们可以直接触到。这些形象的直观性，不需要人们过多的思考、联想与想象，就能够直接使人感到“悦耳悦目”。

2. 审美主体感官的综合性

园林主要是一种视觉艺术，欣赏园林时主要需要人们的视觉参与，但是其他器官不是可有可无的摆设。园林审美需要多器官的综合作用，尤其在园林审美快感阶段，各种器官所捕捉到的审美信息综合在一起才能为园林审美进入第二阶段、乃至第三阶段做好充分的准备。“鸟语花香”的审美境界是中国传统园林的理想审美境界，园林审美时的这种“鸟语”与“花香”，就分别要求人们听觉和嗅觉器官的参与。园林中的听觉美，不仅仅局限于此，还有风、雨、泉、水的声音。例如，苏州拙政园中的听雨轩，就是借雨打芭蕉而产生的声响效果来渲染雨景气氛的；留听阁，也是以观赏雨景为主，取意于“留得残荷听雨声”的诗句。承德离宫中的“万壑松风”建筑群，也是借助风掠松林发出的涛声而得名的。在现代园林中，还将音乐与叠石、喷泉结合起来，形成所谓的“音乐喷泉”和“岩石音乐”，将音乐艺术与造园艺术相结合，构成听觉美感。嗅觉审美也是不可或缺的，例如苏州留园中的“闻木樨香”；拙政园中的“雪香云蔚”和“远香溢清”等景观，都是借桂花、梅花、荷花等的香气袭人而得名的。园林中各式各样的雕塑与置石可以满足人们因触摸所带来快感。

由于园林审美快感阶段的这些特点和赏园时的动观、静观规律，设计园林时要注意景物色、形、声的配置。首先是色彩进入人们的感官，引起人们的注意；园林中的声音要柔美悦耳，对游人具有感官吸引力。注意事项是：杜绝视觉污染和噪音污染；避免景物雷同或简单重复，以满足人们在园林审美快感阶段的审美快感需求。

一般园林欣赏者都能达到与完成这一阶段的审美，但不少欣赏者不停止于这一审美阶段，还能进入园林审美的更高阶段。

### 二、园林审美情感阶段

园林审美快感阶段是人们按园林景物本身的色、形、声来理解园林。上升到园林审美情感阶段则是人们根据自己的生活经验、文化素养、思想情感等，运用联想、想象、移情等心理活动，来充实、丰富园林景象的过程。这是一种积极、能动的再创造性的审美活动。人们透过眼前或耳边具有审美价值的感性形象，领悟到审美对象较为深刻的意蕴，获得审美感受和情感提升。

1. 联想与想象

联想是由一事物想到另一事物的心理过程，是由此及彼的回忆和触类旁通的想象。联想具有可以使人创造出新颖的感性形象的功能。想象是人们在原有经验的基础上创造新形象的思维活动。

在园林审美过程中，联想与想象可以极大地丰富园林景象的美学意义。园林中可以生情的景物是关键，优美的联想与想象需要有真正优秀的园林景物来诱发。例如观赏齐白石的画，人们感到的不只是鱼虾，而是一种悠然自得、活鲜洒脱的情思意趣；又如我们在登临云雾缥缈的山峦时，产生的飘然若仙的感受和超然出世之情。

一个园林景物能够诱发人们的联想和想象，是园林设计者技艺高超过硬、美学修养深厚扎实的表现，说明他有能力调动人们的审美积极性并使人们参与到园林美的再创造中来，使园林的有限空间得以无限的扩展。如扬州个园的春山，湖石依门，修竹碧绿，石笋破土而出，构成一幅以粉墙为纸、竹石为图的极其生动的画面。触景生情，点放的峰石仿佛似雨后破土的春笋，使人联想到大地回春，想象到欣欣向荣的景象。

2. 象征与寓意

象征是用具体事物表现某些抽象意义。寓意是寄托或蕴含的意旨或意思。

园林中的许多景物的美不仅仅以其丰富的色彩、多样的形状和悦耳的声音诉诸于人们的感官，它还在一定程度上作为人的某种品格和精神的象征而吸引着人们；以一定的寓意引发人们进行审美思索。就园林景物本身的形象而言，它并不描述抽象的思想。因此它的象征与寓意需要经过观赏者的联想活动，才能把它创造出来。如园林中的松竹梅，人们常常用它们来象征人的品格，松寓意人在困苦中要像松树那样不畏严寒而长青；竹寓意人应该像竹一样做人正直、虚心、有节气；梅寓意人在逆境中像梅花那样笑傲风雪我自香。

由于园林审美情感阶段审美主体的审美心理活动占主导地位，所以这一审美阶段也就是有赖于审美主体性的发挥。因此审美主体本身审美经验、生活阅历、文化素养、思想情感便会影响到欣赏效果。由于审美主体的审美趣味和能力千差万别，这种个性差异很自然地会在园林审美情感阶段体现出来。

单个景物的美学内涵固然重要，景点之间的联系更能引发人的联想与想象。从事园林设计时应注意园林的景点与景点、景点与园林总体之间的联系。园林创造的是一系列复杂的游赏空间。特别是中国传统园林，其中不仅有坐观风景的楼台，也有边散步边赏景的小径。欣赏这样的园林，必须身临其境地去游去览，穿廊渡桥、攀假山、步曲径、循径而游、廊引人随，观赏一幅幅如画的风景。尽管这每幅风景、每处景点都可以单独欣赏，但它们却都是作为园林整体的有机组成而存在的。系统论告诉我们：整体不等于各部分之和，而是要大于各部分之和。因此在园林审美时，很自然地会将对个别园景的感受联系起来，汇总在一起，达到对园林美的较为完整的感受与理解。

**三、园林审美升华阶段**

这一阶段是理解、是思索、是领悟的阶段，是人们从梦境般的园游中醒悟过来，而进入到最高的一个的阶段。在这一阶段充满了回忆与探求，在品味、体验的基础上进行哲学思考，获得对园林意义深层的理性把握。就像我们看《红楼梦》，首先要读进去，通过理解、欣赏和品味，最后还要走出来，让自己的美感更加理性与完善、人格得以升华。这种美感，不是一般在感性基础上生物感官快适，也不是一般在理解基础上的心思意向的精神享受，而是一种在崇高感的基础上寻求超越与无限的社会审美境界。这种审美特质无疑是符合时代进步与社会需要的，是有助于社会发展、有利于完善人性的高层次品质。如游长江，渡黄河，登临泰山、长城，将会唤起我们热爱生命和热爱大自然之情；更高一些，可以唤起精神上的民族自豪感；最高的层次，可以升华为崇高的社会使命感和对大自然的敬畏感。范仲淹在《岳阳楼记》中，则从“春和景明”、“霪雨霏霏”的感性景物中，悟出“不以物喜，不以己悲”，进而升华出“先天下之忧而忧，后天下之乐而乐”的崇高人生观。

园林的设计与建造离不开人们的社会生活内容，每一座园林都或多或少地表达了设计与建造者的人生感悟和哲学思想。也就是说，在优美的园林景色、深远的艺术境界的深处，还蕴藏着内在理性。理性的内涵可以通过审美主体对整个园林品味、体验基础上的哲学思考中而得到领悟。

最完美的园林审美效果是园林设计与建造者的审美取向不仅仅能够使他人得到升华，而且留有回味的意蕴和展开思维的空间。这就是人们不断地、反复地对一座园林进行美学审视、进行游览品味的原因。

## 阅读（六）　漫谈花境

近年来，随着人们对改善生态环境的期盼，建设生态城市及丰富植物的多样性的思想获得了极大的关注。美学家李泽厚先生将园林美学概括为“人的自然化和自然的人化”。花境是近年来新出现在我国大中城市公共绿地的花卉应用形式。科学、艺术的花境营造的是“虽由人作，宛自天开”、“源于自然，高于自然”的植物景观。在公园、休闲广场、居住小区等绿地配置不同类型的花境，能极大地丰富视觉效果，满足景观多样性的同时也保证了物种多样性。

## 一、花境的起源和发展

花境起源于英国古老而传统的私人别墅花园。它没有规范的形式，在树丛或灌木丛周围成群地混合种植一些管理简便的耐寒花卉，其中以宿根花卉为主要材料，这种花卉的应用形式便是最初的花境。人们对花境的热爱起源于文艺复兴时期。英国园艺学家 Willam Robinson 第一个将灌木和球根花卉以风景式的形式种植于花境中。二战之后，草本花境的真正意义已经基本消亡了，花境的设计向另一方向努力——设计混合花境和四季常绿的针叶树花境。随着时代的变迁和文化的交流，花境的形式和内容也在变化和拓宽，但是其基本形式和种植方式仍被保留了下来，而且在西方发达国家，花境得到广泛的应用，这不仅提高了园林绿化的艺术性，也体现了花境在城市建设及生态园林建设中的重要作用。20 世纪 70 年代后期，花境这种在西方国家广为流传的花卉种植形式飘洋过海来到中国，在上海、杭州等地公园里应用了花境的形式，虽然面积不大，却取得较好的效果。

## 二、花境的内涵

花境(Flower border)是模拟自然界中林缘地带各种野生花卉交错生长的状态，以宿根草木、花灌木为主，经过艺术提炼而设计成宽窄不一的曲线式或直线式的自然式花带，表现花卉自然散布生长的景观。花境通常选用露地宿根花卉、球根花卉及一二年生花卉，栽植在树丛、绿篱、栏杆、绿地边缘、道路两旁及建筑物前，平面外形轮廓呈带状，其种植床两边是平行直线或几何曲线，内部的植物配置则完全采用自然式种植方式，它主要表现观赏植物开花时的自然美以及其自然组合的群体美。在园林造景中，既可作主景，也可为配景。目前，花境已经从经典的庭园花境发展到林缘花境、临水花境、岛状花境、路缘花境、岩石花境、专类花境等并存的多种形式。从应用植物材料看，草本花境是用不同类型的草本花卉来设计，大量的夏季和秋季开花的多年生花卉根据株高组合在一起，运用大胆、清晰的层次排列，形成花境在色彩、形式和结构风格的对比，以装饰和强化整个园林的风格和特征。混合花境以耐寒的宿根花卉为主，配置少量的花灌木、球根花卉或一二年生花卉。这种花境季相分明、色彩丰富，为创建四季观赏和富有想象力的植物组合提供最大的可能。

## 三、花境的特点

花境具有以下特点：

1. 植物种类丰富，季相变化明显

这是花境的一个最突出的特点。花境植物材料以宿根花卉为主，包括花灌木、球根花卉、一二年生花卉等，植物种类丰富。有的花境选用的植物多达 35～45 种，多样性的植物混合组成的花境在一年中三季有花、四季有景，能呈现一个动态的季相变化。

2. 立面丰富、景观多样化

花境中配植多种花卉，花色、花期、花序、叶型、叶色、质地、株型等主要观赏对象各不相同，通过对植物这些主要观赏对象的组合配置，可起到丰富植物景观的层次结构，增加植物物候景观变化等作用，创造出丰富美观的立面景观，使花境具有季相分明、色彩缤纷的多样性植物群落景观。

3. 体现园林生态设计中乔灌草配置的理念

各种花卉高低错落排列、层次丰富，既表现了植物个体生长的自然美，又展示了植物自然组合的群体美。花境的应用不仅符合现代人们对回归自然的追求，也符合生态城市建设对植物多样性的要求，还能达到节约资源，提高经济效益的目的。花境在园林中设置在公园、风景区、街心绿地、家庭花园及林荫路旁，可创造出较大的空间或充分利用园林绿地中的带状地段，起到丰富植物多样性、增加自然景观、分隔空间与组织游览路线的作用。

……

——作者陈志萍、夏宜平、闵炜。摘自《江西科学》第 24 卷第 4 期 2006 年 8 月

**论述题**：花境之美。

# 第七章　中国园林单体审美

园林单体是指园林中的单个物体。如一座假山、一汪池水、一棵树、一扇窗、一道墙等。为了讲述方便我们分门别类，以便归纳与寻求规律。

## 第一节　园林建筑

建筑是人类生活必不可少的供人居住和使用的物体，也是人类以自己的双手所创造的艺术品，因而对游赏者有着特殊的吸引力。造园家一方面通过建筑来组织游览路线，指导游人去欣赏美丽的山容水态，一方面又利用建筑的庇护作用给游人提供观赏上的方便和舒适，例如夏天遮阳，雨天避雨，冬日御寒以及累时小憩和渴时品茗等。人们在园林山水中漫游，廊引人随，通花渡壑，凡是看到风景中的建筑，不管是位于山巅的小亭，还是掩映于花木中的静斋，都要跑去看看坐坐，因为经验告诉游人，这些地方往往有好的景致。

### 一、我国园林建筑的形式

（一）宫殿厅堂

1.宫

先秦时期，所有的居住建筑都称宫。秦汉以后，为别尊卑，宫成了帝王居所的专用名词。苑囿中的主要建筑亦称宫，从西汉上林苑的“离宫七十所”，到清代避暑山庄、颐和园等均是。因此古代有时也将苑囿称作宫苑或离宫。许多帝王甚至舍弃皇宫，长期居住在离宫苑囿之中，如唐代的大明宫、清代的圆明园、颐和园及避暑山庄等，几乎成了国家的行政统治中心。清代苑囿由于受到南方文人园林的影响，一反以往帝王建筑的那种金碧辉煌的形象，其中的建筑大多采用“小式”的做法，即黑瓦粉墙，台基低矮，不施斗拱、彩画。苑中宫室也如民间府邸的形式，只是尺度及建筑群体的规模因帝王的身份和需要比较大而已。

2.殿

专指帝王、权贵、临朝治事或供奉神佛的处所。其实是一座大厅或正房。如北京故宫太和殿、避暑山庄澹泊敬诚殿，一般性寺院的大雄宝殿。殿早期与堂同指大空间的建筑，所谓“堂，殿也”。到了秦汉之际，殿逐渐成为宫廷建筑的专用名称。东汉以后殿成为帝王起居、朝会、宴乐、祭祀之用的建筑物的通称，此后的佛寺道观中供奉神佛的建筑物也称殿。殿的特点是雄大宏伟，装修华贵。一般面阔为单数，如五、七、九间，最多不过十一间。分台阶、屋身、屋顶三部分，其中台阶和屋顶为中国建筑最明显的外观特征。殿的台阶巨大，其中正殿不仅有阶，还有陛，即除本身台基之外，下面还有一个高大的台子作底座，由长长的陛联系上下。屋顶部分除歇山式和悬山式之外，庑殿顶即为殿所特有的形式。其布局一般在宫室、庙宇、皇家园林等建筑群的中心或中轴线上，并且殿前多有广庭，其大小视建筑性质而定。

3.厅堂

私家园林中的主体建筑称之为厅或堂，园林中的山水花木通常在厅堂前面设置，使厅堂成为观景的最佳场所。同时在周围园景的衬托下，厅堂本身亦构成了园中的主景。厅与堂在原始功能上有一定的区别，“古者治官之处谓之听事”，也就是厅。而“当正向阳”之正室谓之堂。明清建筑已无一定制度，尤其园林建筑，主建筑常随意指为厅或堂。

园林中厅堂的布置“先乎取景，妙在朝南”。因此大多取坐北朝南位置，尤其一些小园，厅堂建于园之北侧，以争取最好的朝向。厅堂大多宽敞精丽，一般不用天花吊顶，使梁架露明，即宋《营造法式》所谓的“彻上露明造”。江南园林的厅堂，中梁架常作雕刻及线脚，更显梁架露明的装饰意义。

（二）亭台楼阁

1.亭

园林中的亭是供游人驻足歇憩之处。所谓“亭者，停也。所以停憩游行也”。我国亭的选址精心，营造奇巧，十分讲究与自然的结合。《园冶》中说，亭子的“造式无定”，“随意合宜则制”，所以产生出千姿百态、丰富多彩的亭子形式，三角、四角、五角、梅花、六角、八角、十字等式样，还有伞亭、圆亭、楼亭、重檐亭等，真是琳琅满目。

亭的体形小巧，最适于点缀园林风景，也容易与各种复杂的地形、地貌相结合，与环境融为一体。花间、水际、山巅、溪涧以及苍松翠竹的环境均可设亭，并无定式。只需满足停憩和造景功能，与环境和谐即可。由于追求与环境的统一，在不同的地区、不同的环境条件和不同的习惯、传统下形成了各式各样的圆亭，如西欧式、美国式、日本式等。我国的亭有南式、北式之分。南方气候温暖，屋面较轻，各部构件的用料也较纤细，亭的外形显得活泼、玲珑；北方气候寒冷，屋面较重构件的用料也相应粗壮、宽厚，亭的外形显得端庄、稳重。扬州的亭其外观介于南北之间，例如作为象征扬州标志的五亭桥，桥上五亭，四翼上盖有四亭，以廊相连；中亭为重檐，高出四亭，亭顶盖黄色琉璃瓦，灰瓦漏空脊，上端饰有吻兽；亭廊立柱均为朱红色，飞檐翘角，不失南方之秀；朱柱黄瓦，又备北式华丽。整个建筑，兼抒南北之长，堪称园林建筑史上独创的杰作。由于装修材料和技艺的革新，还出现了诸多用钢筋混凝土、塑料等材质制的各式亭子，别致而新颖。当然，在新工艺、新材料充斥世界的当今社会，园林中又出现了纯自然趣味的原木亭，甚至连树皮都不刮掉，显得原始、粗犷而拙朴。还有那过去历史上曾经出现过的茅亭、草屋，也在个别园林中得到重现，既可触发思古幽情，亦是对野性、对人类过去的追忆。

2. 台

台也称眺台，是供人登高望远用的建筑物。或置高地，或插池边，或与亭榭厅廊结合组景。若独立设置，往往精心选址，从而做到既有远景可眺，又有近景相衬。台在我国历史上多典故传说，如：琴台、观星台、幽州台等，能够流传到今天的关于台的记载是显示了我国文化底蕴的深厚与悠久。但因其形制简洁，倘若无明确的点景内涵，常不作突出处理，仅作为观景场所而已。眺台虽属无片瓦之筑，但若设置得宜，亦可招揽游人。杭州西湖的“平湖秋月”便是临水设台，登台可以远眺西湖烟波，近观水中明月。若是利用山岩或岸石搭制眺台，不但风格自然、淳朴，且更富自然山水意境。

3. 楼

重屋为楼。楼即是重叠有层的房屋。出现于战国晚期，后主要用于军事目的。楼成为风景园林建筑约在汉末到南北朝时期。王粲作《登楼赋》、谢灵运作《登池上楼》，文人墨客登高赏景，吟诗作赋，成为一种民族文化习俗，凡用来登高远眺的建筑均以楼阁命名，如滕王阁、黄鹤楼、岳阳楼、大观楼等都有名诗名联流传古今。除自楼中望远外，当人去楼空，自楼外看楼时，楼又有缥缈之境，落漠之感，如烟雨楼。此外由于楼体量较大，对于丰富建筑群的立体轮廓有着突出的作用。

楼在园林中的布局一般位于园林的边侧或后部，以保证中部园林空间的完整，同时也便于因借内外和俯览全园景色，如沧浪亭看山楼，拙政园见山楼、倒影楼，留园明瑟楼等。自然风景区设楼，常常处在山水之间，凭栏远眺“悠悠烟水，澹澹云山，泛泛鱼舟，闲闲鸥鸟”，构成“漏层险而藏阁，迎先月以登台”的意境，如岳阳楼、烟雨楼、大观楼、黄鹤楼等。

4. 阁

阁是楼的一种。功能除登高远眺外，主要用于藏书、藏经等。阁的原形为栈道上有覆盖的小屋，下面是木柱支撑架空的平台或通道。阁的正式名称在史书中则是“干阑”，也有称“阁阑”的。早期的功能是庋藏食物，后来进一步发展为把藏书画的楼甚至供佛的多层殿堂也称阁。清代民间出现的奎星阁，虽是风水说法的极度发展，但实际功能也是用于远眺。园林中的阁与楼相似，常常楼阁并用。《园冶》中说：“四阿开四牖”，即为一种四坡屋顶，四面皆开窗的建筑物。造型高耸凌空，较楼更为完整、丰富。

阁在园林布局中，由于其体量大，造型突出，常常设在显要位置，或建筑群的中轴线上，成为园中的主景和空间序列的高潮。如颐和园的佛香阁、避暑山庄的大乘之阁等。建在自然风景区的阁与楼相似，如南昌的滕王阁、武汉东湖的行吟阁等均为风光景物增色不少。

（三）桥榭舫廊

1. 桥

桥，水梁也。园林中设置桥梁是为联系两岸交通，我国桥的形式非常丰富，制作也极为讲究。小型园林中桥的体量就不宜过大，亭桥更不合适，通常采用平桥甚至仅为一条石梁。有时为获得池面开阔之感还将桥面降低，紧贴水面。在一些稍大的园中，周围景物较多，跨池使用曲桥，其作用不仅可增加游人在桥上逗留的时间，以品味水色湖光，而且因每一弯曲之处在设计中都对应着一定的景物，行进之中就能感受到景致的变幻，取得步移景异的效果。为了追求桥的形式变化，还将桥、亭合而为一，构成亭桥，如西堤上的练桥、豳风桥等。颐和园桥的应用较多而且造型多变，几乎每座桥的样式都不相同。著名的有玉带桥、十七孔桥、知鱼桥等，造型都非常优美独特。

2. 榭

榭的本意是指土台上的一种木构建筑。所谓“土高四台，有木曰榭”。这与我们今天所能见到的榭相去甚远。榭主要是依所处的位置而定。如水池边的小建筑可称之为水榭，赏花的小建筑可称花榭等等。常见的水榭大多为临水面开敞的小建筑，前设坐栏，即美人靠，可让人凭栏观景。建筑下用柱墩架起，与干阑式建筑相类似，这种建筑型与阁的含义相近，故也被称做水阁，如苏州网师园的濯缨水阁、耦园的山水阁等。

3. 舫

舫原是指湖中一种小船，供泛湖游览之用，常将船舱装饰成建筑的形状，雕梁画栋，亦称“画舫”。园林之中除皇家苑囿能有范围较大的水面外，其余皆不能泛舟荡桨，于是创造了一种船形建筑傍水而立，这就是园林中所见的舫。舫的形式一般下部用石头砌作船体，上部木构以像船形。木构部分通常分为三段，船头作歇山顶，因状如官帽，俗称官帽厅，前面开敞、较高。中舱作两坡顶，略低于船头，内用隔扇分为内外两舱，两旁置和合窗，用以通风采光。船尾作两层，上层可登临，顶用歇山。尽管舫有时仅前端头部突入水中，但船头一侧仍置石条仿跳板以联系池岸。当然舫的形状往往根据各种条件而做出相应的变化，如苏州畅园由于园基狭小，仅临水做一悬山形小亭以似舫，亭后用一雕屏，仿佛其后还有画舫的其余部分，饶有情趣；而北京颐和园的石舫——清宴舫，则通体两层，不仅体量巨大，而且两侧还做成西洋蒸汽船轮翼形状。舫的共同特点就是都略有船的轮廓，内部装修都较精美。

4.廊

廊是一条狭长的通道，用以联系园中的建筑而无法单独使用。确切地说廊并不能算作独立的建筑，廊能随地形地势而蜿蜒起伏，其平面可以曲折多变而无定制，因而在造园时常被作为分隔园景、增加层次、调节疏密、区划空间的重要手段。园林之中大部分的廊都沿墙垣设置，或紧贴围墙，或一部分向外曲折，廊与墙之间构成大小、形状各不相同的狭小天井，其间植木点石，布设小景。廊的主要形式有：

(1)空廊　有些园林为了造景的需要，将廊从园中穿越，两面皆不倚墙垣或建筑物，廊身通透，使园似隔而非隔。这样的空廊也常被用于分隔水池，廊子低临水面，两面可观水景，人行其上，水流其下，有如“浮廊可渡”。

(2)复廊　复廊可视为两廊合一。是一廊中分为二，其形式是一条较宽的廊沿脊桁砌墙，上开漏窗，使向外园景若隐若现，能产生无尽的情趣。

(3)爬山廊　随假山起伏的廊称做爬山廊，有时可直通二层楼阁。

廊对于游人是一条观景的路线，人随游廊起伏曲折而上下转折，走在廊中，有“步移景异”的效果。又由于廊比游览的普通道路多了顶盖，使游人免遭雨淋日晒，不受天气影响，更便于观赏雨雪景致。

园林中大量用廊连接彼此，是中国传统园林的主要特色之一。

(四)门窗墙路

1.门

门通常是指建筑组群及院落的出入口。明、清两代，对宫殿、寺庙、住宅等使用的大门规定了严格的等级，不能随便逾越混用。门是一个家族等级的表征。我国私家园林一般都在住宅前设置门屋，视主人的地位建成三间或五间。如苏州的网师园大门、拙政园原初的大门(现在属苏州博物馆)等。皇家园林则更为华丽威严，不仅有北京颐和园那样的东宫门，甚至还有的像承德避暑山庄将大门建成巍峨的城楼形式，以体现皇家的气派。然而这类大门平日并不使用，正是“门虽设而常关”，非贵客来临或重大庆典一般都不启用。平日出入只使用门屋一侧的小门，型制较简朴，只是在墙上用条石做成门框内安板门而已，江南称其为库门。

园林与住宅之间或园中各院落之间大多是在墙面上开设门洞。门洞形式多样别致，常见的为瓶形、多边形及植物叶、花图案的简化形式，其中以圆形为多，称月洞门。北方有用垂花门的，造型就较为华丽。园林建筑内部的门除了一般的板门外有两类较为特殊，它们多见于厅堂的室内空间分隔。一是屏门，它以木条做成框格表面覆平板，安装在正中明间的后部，平时不开启。有时漆成白色，素净如屏，作为悬挂中堂、对联的背壁，有时在其上刻上图画或镶嵌各色玉石，成为一个画屏。另一称为纱隔，结构造型与隔扇相同，安置在两端的梢间，内芯仔部分不用花格，或钉青纱，或装板裱画。后来玻璃运用普遍，其上就嵌玻璃形成了装画的镜框。裙板和夹堂板上的雕刻比隔扇更为精致。

2. 窗

“窗”本作“囱”，好像天窗形，即在屋上留个洞，可以透光，也可以出烟。后加“穴”字头构成形声字。本义是天窗，泛指房屋、车船上通气透光的洞口。园林中一些小建筑及过道、亭阁等常用槛窗或半窗。分隔园林粉墙及廊间墙上常开花窗，也称漏窗。其形式变化极其丰富，成为对景及泄露景色的常用方法。这些窗，有的雕镂精细，中间还可装灯成为灯窗，为晚间观景的很好点缀，如颐和园乐寿堂南侧墙上的什锦灯窗；有的空透，成为园林风景画的各种景框，如上海豫园中部复廊之间墙上的空窗。这些各式花窗，是中国园林建筑的一大特色。

3. 墙

墙是房屋或园场周围的障壁。我国园林中墙的运用很多，也很有自己的特色。在皇家园林中，园林的边界上都有宫墙以别内外，而园内每组庭园建筑群又多以园墙相围绕，组成内向的庭园。江南私家园林，多以高墙作为界墙，与闹市隔离。由于私家园林面积小、建筑物比较密集，为了在有限范围内增加景物的层次，便常以墙来划分景区，纵横穿插、分隔，组织园林景观，控制、引导游览路线，做到“园中有园，景中有景”，墙成为空间构图中的一个重要手段。一般平直冗长的实墙，使人觉得沉闷、呆板。我国造园师经过长期摸索和积累，总结出如下三方面的经验措施。一是改变墙的形式，做成波浪形的云墙、龙墙，形成高低起伏的主体轮廓，打破沉闷、呆板。如上海豫园的龙墙，是中国园林中墙的成功范例。豫园身处上海闹市，面积有限，若采用一般的粉墙形式，似觉沉闷；若采用绿篱之类，在如此狭小的园林中，也难以划分景区。相传五条龙墙建成后，差一点触犯皇上，因为古代民用建筑是不能用龙形装饰的，最后园主人巧立名目，说这些都不是龙，而是牛首、鹿角、蛇身、鱼鳞、鸡爪的神兽，才总算搪塞过去。二是从墙的颜色上着手，采用白色墙面、黑色瓦顶，总的色调清淡素雅。以白墙作背景，衬托山石、花木，形成多变的光影效果，犹如在白纸上作画，十分生动有趣，为园林增色不少。三是墙上开洞，做成洞门、漏窗或洞窗。形成明暗与虚实对比，再配以花木、山石，将园墙的沉闷、单调感，一扫而光，真是巧妙之极。

4. 路

路，道也。我国园林中的路，布局灵活多变，充满自然意趣。即使在一些建筑物比较规整的皇家园林中，建筑群之间虽然十分讲究中轴线的运用，但也尽可能多地自由布局山水、花木、道路，使其在建筑群中穿插、引连，在庄严、肃穆的气氛中，得到一种活泼、自由的情趣。“因景设路，因路得景”，是中国园路设计的总原则。园路是园林中各景点之间相互联系的纽带，使整个园林成为时间和空间的有机整体。路不仅解决了园林的交通问题，而且还是观赏园林景观的导游脉络。人们在园林中观赏，是为了接触自然风景，投身于大自然的怀抱。路随着园林内地形环境和自然景色的变化，相机布置，时弯时曲，此起彼伏，很自然地引导游人欣赏园林景观，给人一种轻松、幽静、自然的感觉、一种在闹市中不可能获得的乐趣。

**二、我国园林建筑的审美特点**

建筑是一门独立的艺术门类，有着自己的规律和艺术原则，像我国建筑的木构架结构系统，被认为是东方建筑艺术的主要特点。但是在园林这一特定的环境中，建筑的艺术特性也发生了变化，它常常因园景的需要而进行调整，总括起来园林风景建筑有四个特点。

（一）顺畅别致的曲线美

在所有线条中，曲线是最美的。我国的园林建筑就具有“多曲”的特点。自然界的山水风景，多数呈现柔和的曲线。山形石峰的轮廓线，溪流池湖的岸线，几乎多是曲线，自然景物很少呈笔直方正的几何形状。因而我国园林中的亭台楼厅也要与之相呼应，尽量地以曲线的形式与大自然相呼应，除了体现最基本力学规律的梁柱构架必须保证垂直之外，平面有时变成了六角、八角、圆形、扇形等，本应该以直线组成的路、桥、廊等都因地制宜地变成了曲径、曲桥、曲廊，建筑屋顶外形、屋角起翘、檐口滴水、檐下挂落以及梁架部件也呈现出很协调的曲线，为赏景而设的美人靠，几乎全用曲木制成，连踏步、台阶也常用自然石块来铺。这一由“直”至“曲”的改变，使建筑能和周围的风景环境和谐地组合在一起。

（二）睿智巧妙的构思美

园林建筑具有随宜多变的特点。古建筑那种强调中轴线、绝对对称的群体布局方式被摒弃了，为了适应山水地形结构的高低曲折，园林建筑布局极为自然多变，可在山巅，可在水际，连作为主要活动起居场所的厅堂，也可从赏景的目的出发，“按时景为精”，灵活构思与布置。一些处于山水间的园林，其建筑更是依随山势水流自然而因地制宜地布置。如古城镇江沿长江自西而东有三座著名的寺院：金山寺、甘露寺和定慧寺。这三座守庙园林的建筑布局完全不同。金山寺依山而建，层层拔起，完全将山包住，人称“寺包山”。焦山植被极好，宛如浮在江中的一枚翠螺；定慧禅寺坐落于山麓，小坡乔木将佛殿遮掩，从外面望去，只能依稀见到几段黄墙，人称“山包寺”。北固山突兀于江边，沿江一溜绝壁悬崖；甘露寺雄踞于山巅，人称“寺镇山”。这三座寺庙园林的建筑布局在不干扰自然景致的前提下，构思睿智巧妙，使自然打上了人的烙印，展现出自然人化美。

（三）不拘一格的型制美

园林建筑一般具有雅朴的风格。“雕梁画栋”是古代诗人形容建筑美的常用语，可见古建筑的装饰比较华丽。园林建筑则反其道而行之，基本上不使用正规建筑繁缛艳丽的装饰，不用雕梁斗拱，追求雅朴的风格。“雅”是我国传统美学中一个很特别的范畴，通常是指宁静自然、简洁淡泊、朴实无华、风韵清新。这些，在古典园林的建筑身上，均有所反映。例如，正规建筑的模数采用一、三、五、七的奇数制，级别越是高，开间的间数就越大。而在园林中，非但有二、四的偶数间出现，而且还根据需要出现了一间半和两间半的型制。如苏州留园东部的揖峰轩，是石林小院中面对石峰的小斋，这里庭小景精，石峰、翠竹、芭蕉组成了小而雅的欣赏空间，因而小斋出现了两间半的布局。同样，苏州拙政园的海棠春坞也是一小庭中的主建筑，院中以垂丝海棠、石景为主题，小斋只有一间半的型制。由于不拘一格的园林设计，超越常规的型制样式，使这两处小院景色呈现出雅洁、别致和活泼的风貌。

(四)虚实空灵的通透美

园林建筑一般都比较空透灵巧。正规建筑中实的围墙在园林中往往被虚的栏杆或空透的门窗代替，一些位于山巅水际的亭台小筑，干脆连门窗也不要了，四根柱子顶着一个屋顶。在这些建筑内，人们可以自由自在地环顾四周，尽情赏景，正如古人所说：“常倚曲栏贪看水，不安四壁怕遮山。”同时，建筑的空透开敞，又使室内外空间互相流通，打成一片。从外面来看，亭榭很自然地溶化在整个风景环境之中；而坐在建筑中的游人，也同样感到还是处在大的山水游赏空间之中。北京颐和园前山西面的山色湖光共一楼，既能看见玉泉山和玉峰塔，又能看见昆明湖的粼粼碧波，通过它开敞的四壁，几乎把外边的景致都引进建筑里面来了。

《园冶》对此有专门的评论：“轩楹高爽，窗户邻虚，纳千顷之汪洋，收四时之烂漫。”我国园林中出现的建筑十分多样复杂，它们的名称、大小、高矮、体量、造型各不相同。小的园亭，仅能供数人游憩，而大的如苑圃中的宫、馆，则常常成为封建社会最高统治者日常理政之处。高的楼阁或依大江，或穷山巅，是登高远望不可缺少的观景点；而水际花丛中的小榭，粉墙下的几楹小斋，则半隐半露，檐椽之矮，仅能供人出入。至于造型之多变，更是无穷，决定园林建筑形式的主要因素，诸如平面组合，屋顶构成，门窗划分，装修图案等均可因景、因地制宜地变化，使园林建筑给人以虚实空灵的审美意境。通透美的根本意义在于使人们在人化的园林建筑中，与自然熔为一体。

因此，要完整而全面地对园林建筑进行审美，必须对园林建筑的形式及审美特点有良好的把握。

## 第二节　假山叠石审美

山与石是我国园林中的重要人造美景，也是园林审美的第一要素。我国造园必有山，无山难成园。

## 一、假山

假山指以土、石堆叠而成的山形造景。中国传统园林，无论是北方帝王苑囿，还是江浙私家花园，山水景色均是园中主要观赏对象。综观园林山景，除了大型苑囿及城郊风景园林中的多利用真山加以改造之外，多数均为人工堆叠而成，称之为假山。园林假山的规模、形式极为丰富多样。

假山有四个重要作用，一是作为园林中造景的骨架。没有假山，园林将是一片平坦，景观就会显得单调而乏味；二是假山为园林水景的主要依托，只有在平地上堆出了峰、岭、谷、涧、坡、矶，才可能引入水源，创造出泉、瀑、溪、池等园林景色；三是假山能在园林中作观赏的主景；四是假山能作为各个景区空间的分隔屏障，是造园家塑造空间所应用的主要技术手段。

假山堆叠，一般用土、石两种材料。因所用的土、石比例的不同，又分为全土假山、全石假山和土石混叠山三种。不管是土山、石山或土石相合的山，都是园林造景的骨架。因此，园林创作的第一个形象结构就是堆叠假山。

（一）假山的形式美

1.以体积为准的假山

（1）大山　一般大山用土造景，属于全土人造山。大山如果用石造景，容易产生支离破碎的缺点，故以用土为主。大的人造山，给人以高峻雄伟的壮美感。山上有亭台，山下有洞穴，看上去犹如自然山一模一样。如始建于金代的北海琼华岛的白塔山，孤峙于一片碧净水面上，满山苍松翠柏、绿荫间亭台掩映，一般游人往往将它误认为是自然生成的真山。

（2）小山　小山用石造景，属于全石人造山。小山如果纯粹用土造景，则堆积不高，难以形成山势，故以用石为主。江南私家小园中的假山，多倚壁而堆，以白墙为背景，它们多数不能登临，仅作为厅堂书斋庭院中的静赏山景，实际上已和园林中孤赏石峰没有多大差别。

（3）中山　中山土石并用，属于土石混叠山。土石山又可分为土包石和石包土两种，可以灵活多变、因地叠制。

2.以结构为准的假山

（1）土假山　是园林史上最早出现的人造山。先秦建筑“高台榭，美宫室”的建筑风格，为园林堆土筑山积累了丰富的经验。古籍《尚书》中有“功亏一篑”的比喻，就是来自用土堆山的实践。《汉书》则有“采土筑山，十里九阪”的记载，可见其历史的悠久。纯用土堆筑的土山须占较大的地盘才能堆高，且山坡较缓，山形浑朴自然，很有点山野意味。但是其占地过大，一般中小园林中很少采用。比较多的是用土来塑造带有缓坡的地形，使园林风景现出自然的起伏，古园中每每有梅岭、桃花坞，往往均是缓缓起伏的土坡地形。

我国传统园林中最大的土假山是景山。景山正对北京故宫的后门神武门，和紫禁城有一条共同的对称轴线。它本来是元代大都城内的一个小丘，明永乐帝建宫殿，将开宫城护城河的泥土和清除元旧城的建筑垃圾堆在这小丘上。景山几乎全是土构，占地面积大，山上林木茂盛，古柏参天。山有五峰，每峰上建亭，拱卫在宫墙北面，成为建筑密集的宫廷良好的借景。

(2)土石假山　土石相间的假山通常以石为山骨，在半缓处覆以土壤。也有的以土先塑造成基本山形，再在土上掇石。这种假山，最大的优点是山上林木花草都能正常生长，而且有土有石也更符合自然中山岭的形象。因此古典园林中，土石假山数量为最多。土石假山具有较多样的景观风貌，土多的地方，就现出平缓的土坡；石多之处便形成陡峭山壁。山下还可用石构筑洞穴，并可用石铺成上山蹬道，还可以以石垒起自然形式的石壁作挡墙在其上堆土栽树等，变化较多。上海嘉定的秋霞圃池南湖石大假山、苏州沧浪亭的大假山、苏州拙政园池中的两岛山都是土石混合而成的，它们在园林中都起到很重要的造景作用。半土半石的假山最能体现出自然雅朴的风格。

(3)全石假山　为假山堆叠之最难者，需要较高的山水画艺术修养和技术水平。中小园林中，此类人造山较多，一些小庭院中依壁堆叠的山景造型，基本上均是全石假山。全石之山，可以再现自然山景中的一些奇特的景观。如悬崖、深壑、挑梁、绝壁等。它的堆叠，受传统山水绘画影响较大，用不同的石，要有不同的堆法。如堆湖石山，多用绞丝皴、卷云皴；堆黄石山，多用斧劈皴、折带皴。同时又要掌握对位平衡法，对选石、起重、连接等有较高要求，常采用悬、挤、压、挂、挑、垂等特殊施工手法，表现出古代造山匠师的精湛手艺。正因为此，我国园林中也有不少堆得并不成功。一般园林中，平庸的全石假山容易产生“排排坐”、“个个站”、“竖蜻蜓”、“叠罗汉”等拙劣的造型。但我国传统名园的不少全石假山由于造园家艺术造诣较高，在创作中做到源于自然，高于自然，使所叠假山集中了自然山石景的长处，成为传世杰作。如苏州环秀山庄的湖石假山，是清代叠山家戈裕良所作。他在整体设计上着眼于山的气势，局部处理中注重山石的脉理走向，并使用了铁钉锡带，如同造环洞桥一般，以致大小山石紧密联成一体。石与石之间的接缝处以米浆和石灰黏合，现出的缝线好似石之脉纹。这占地半亩的假山景变化多样，有峰、岗、崖、壁、洞、罅等多种景观，但又不显得繁复琐碎。从南边的主要赏景平台北看，但见峰峦起伏，悬崖斜伸，石罅曲折，板桥横空。入游则步栈道，穿洞府，攀危崖，跨深谷，随谷之转折盘旋西上山顶。最巧妙的是主峰下的洞口正好纳西角的山洞于其中，两洞相套，深远别致。而在问泉亭看东南山景，但见双峰对峙，中间是一道幽谷。峰实谷虚，石实溪虚，山水相映，主次分明，真正做到了“山形面面看，山景步步移”。

（二）假山的形态美

由于假山的形式各异，所以给人以不同的形态美感。

1.四季假山

指以不同的石山形象象征四季。扬州个园就是典型实例。该园以石笋象征春季“雨后春笋”；以太湖石山象征夏季，取“夏云多奇峰”之意；以黄石山象征秋季，因黄石苍劲古拙，有“老气横秋”的气韵；以宣石山象征冬天，取其洁白如雪。这一造园构思与画论中“春山淡冶而如笑，夏山苍翠而如滴，秋山明净而如妆，冬山惨淡而如睡”及“春山宜游，夏山宜看，秋山宜登，冬山宜居”等创意有一定联系。

2.厅山

厅堂前庭中的假山。一般用石叠成，尤以太湖石为多用。当前庭进深较小时，也可嵌石于墙壁中，称为峭壁山。苏州留园五峰仙馆前的假山是模拟的庐山，为一佳作。

3.楼山

是在楼前堆叠的假山。这种假山供登楼观赏，故山宜高，距离要远，产生深远效果。苏州冠云楼前的“冠云峰”、“岫云峰”、“朵云峰”是最著名的例子。故宫乾隆花园翠赏楼前庭假山也属这一类型。

4.池山

在水池中堆山，是中国造园艺术重要传统之一。《园冶》认为：“池上理山，园中第一胜也。”中国园林以模山范水为特点，故山水并重的园林占多数。如圆明园、颐和园、北海、拙政园、留园等都有池山。池山也就是水池中的岛屿，与池岸用步石或桥梁连接者为多，独立水中的较少。

5.峭壁山

靠墙掇叠而成的山石景。《园冶》中有：“峭壁山者，靠壁理也。藉以粉壁为纸，以石为绘也。理者相石皴纹，仿古人笔意，植黄山松柏、古梅、美竹，收之圆窗，宛然镜游也。”可见峭壁山特点除石峰本身要峭之外，还要以白粉墙为背景，并适当配置松、竹、梅和框景手法，构成一幅立体图画。自然山水中峭壁景观著名的有广东丹霞山、福建武夷山、浙江雁荡山、江西庐山、安徽黄山、陕西华山、云南石林及昆明西山、广西桂林阳朔等，各有特点，是造园家模仿的对象。如五峰仙馆前庭就是模仿的庐山五老峰。

6.内室山

即内庭中的假山。《园冶》说：“内室中掇山，宜坚宜峻，壁立岩悬，令人不可攀。”留园的冠云、瑞云、岫云三峰及石林小院中的峰石，即为典型实例。

7.书房山

在书房外的假山。宜小巧，或作为树的陪衬，或独立为峰壁，或与水池相配，置于窗下，有如大盆景。如留园“还读我书”几乎四面有石，网师园“五峰书屋”前后有山。

**二、叠石**

叠石又称理石。指纯用岩石掇山。选石犹如笔法，叠石则如章法。一般而言，叠石的空间布局及造型应高低参差，前后错落；主山高耸，客山避让；主次分明，起伏跌宕；大小相间，顾盼呼应；千姿百态，浑然一体；一气贯通，鲜明得势。一座假山如果用同一石种，要注意疏密相映，虚实相生，层次深远，意境含蓄。即使是孤峰独石，也要力求片山多致，寸石生情。叠石为造园师的主要技艺之一。

（一）园林石景审美

把石置于园林，具有缩地点景、加强山林情趣的作用。我国疆土辽阔，江山秀丽，天然奇峰异石多不胜数，各名山胜水的奇峰异石之景吸引了千千万万的观赏者。但由于这些美景胜迹地处偏僻，不便常往，古代文人雅士和造园匠师便巧妙地将天然美石、树木置于园林，这些大小不一的峰石，似乎将各地的山石景致浓缩、提炼过一般。它们有的空灵、有的浑厚、有的瘦削、有的顽拙，不同的峰石有不同的石纹、石理、石质，而自身的虚实对比及光影变化又异常丰富。在不同季节、不同时辰、不同的环境中，所得的审美感受异常丰富，具有较强的艺术感染力，增强了古典园林的山林情趣。

1. 点峰

是指点立的孤赏石峰。可用作园林小空间的审美主题，是古园中应用最广的置石方法。一般姿态好、形体较大的石块，在园中都是作为点峰出现的。苏州的明代古园五峰园，以五座玲珑多姿的湖石峰而出名。这五峰高下相依、顾盼有致地立于一座小假山上，使本来景色平平的假山变得生动而多姿，是很好的一组点峰。再如上海嘉定新修的汇龙潭公园，移来了原周家祠堂园的一座名峰——翥云峰，立于较宽敞的庭院之内，成为引人注目的观赏主题。另外像北京中山公园的青云片峰、青莲朵峰，苏州留园的冠云峰、岫云峰、瑞云峰等名峰，都是点式布置的石峰。水池中的行峰一般均为点峰。

2. 屏峰

是指能部分遮挡视线，起到分隔景区作用的石峰。这类峰行，一般要有一定的体量，有时也可数峰并用，达到屏蔽的目的。北京颐和园前山东部的乐寿堂，是清乾隆皇帝游园休憩之处，后来也是慈禧太后的住所。堂前有一横卧在石座上的巨石，将庭院一隔为二，这就是著名的青芝岫峰，是很典型的屏峰。当年乾隆对此石十分欣赏，曾有“居然屏我乐寿堂”之句。再如北京圆明园时赏斋前原来也有一整块的大石屏立于房前，这就是现在北京中山公园来今雨轩前的青云片峰，当年乾隆亦有“当门湖石秀屏横”的赞词。杭州西湖小瀛洲岛的湖中湖上，有一座十字形曲桥，其旁是康有为手书的“曲径通幽”碑，为不使游人视线通达，在中心湖中点了一座石峰作隔，是屏点结合的应用。

3.引峰

是指能指示方向,引导人们游览的峰景。一般利用各庭院之间的月洞门、花式漏窗来泄露峰石,以引导游人。苏州留园东部五峰仙馆后庭倚墙有一山廊,在到达鹤所之前有一个曲折,形成了一个廊外小院,内置一座外形很特殊的小峰——累黍峰,峰身上有许多黄色小石粒凸出,好像珍珠米相叠,吸引人沿廊前来观赏。当人们依栏静赏之后,抬头忽见右侧白墙上有一瓶形门洞,透出隔院如画景色,便会很自然地往前游去,这小峰实际上起到了接引景色的作用。北京故宫御花园以峰引景,较为别致。每当游人步入乾清门两边东、西两路长长的甬道时,便见两座太湖石峰,位于通道尽头的石座上。青灰色玲珑多姿的峰石,衬以红墙黄瓦,色彩对比非常鲜明,宛如引导游人进入御花园观赏。钦安殿前小院以矮墙与御花园相隔,东西两侧门外置有两座小峰,高矮相当,石座统一,衬以青松翠柏,亦能起到引景作用。

4.补峰

是指灵活自由布置,作为园景不周之处或虚白处的补充,往往具有暗示的作用。例如在大假山边上补上几块石,使山的余意绵绵;或者在曲廊与院墙的空白之处随意点补小峰,可以增加廊中审美的趣味;或者在乔松名花之下散点几石,使花树景致更加入画,这些统统可称为补峰。

一般点石的规律是:佳树之下宜点以玲珑湖石,使花石相映、情趣盎然;梅旁点石宜古,引发沉思立志之情;松下点石宜拙,显现阳刚坚毅之绪;竹旁点石宜瘦,表达清廉正直、虚心有节的情操。石与植物相宜能够使人进入"花树数品,松桧苍翠,放怀适情,游心玩思"的境界。在河流、溪涧、林下、花径、山脚、坡麓散补数石,若断若续,或卧或立,或半含土中,望之便觉峰如有根,宛自天成。峰石与水景参差布置于书房小斋,给人以清淡脱俗、典雅宁静的审美感受;花木与山石散置于厅堂,可在有限的建筑空间内焕发山情水意,达到不出厅堂、坐穷泉壑的境界。

5.连石

是指多石相连,形成的汀步。汀步也称踏步或步石,原来是指水中代小桥的石块,现代的汀步不仅仅置于水中,在草坪中也较为多见。汀步设置得当,能够引发人们愉悦快乐的审美感受。

(二)叠石的审美模式

1.流云式

如同流动的云海,时舒时卷,变幻多姿,宛转飘逸,透漏生奇。

2.耸秀式

与流云式相似,但也有不同处,更追求向上高挑挺秀的立峰。

3.堆垒式

以刚健稳固，浑厚质朴，古拙雄奇，苍劲有力为特色。

4.砍削式

与堆垒式相似，但更追求峭壁嶙峋，突兀峥嵘的效果，如刀削斧砍，鬼斧神工。

前两式为一类，偏阴柔灵秀之美，多用太湖石；后两式为一类，偏阳刚雄浑之美，多用黄石。

## 第三节　园林水体美

中国自造园一开始，就特别注意水景的构造，或借用自然水景，或挖池自造，认为理水造景是造园的第二要素。

理水是指园林中各种水景的设计修造。理水的原则是："水面大则分，小则聚；分则萦回，聚则浩渺；分而不乱，聚而不死；分聚结合，相得益彰。水有源头，流随山转；穿花渡柳，悄然逝去。瀑布落泉，洄湾深潭，动静相兼，活泼自然。水体的形态有湖、池、潭、湾、瀑、溪、渠、涧等。分隔水体的手段有堤、埂、岛屿、洲渚、滩浦、矶、岸、汀、闸、桥、建筑、花木等。理水通过分、隔、破、绕、掩、映、近、静、声、活等手法，构成不同的水景。水具有山石、建筑等形象固定的景观所没有的特殊魅力和审美状态。

### 一、水的静态美与动态美

（一）水的静态美

一般来说，我国古园的水景以静态为多。那些因水成景的滨湖园林，或以水池为中心的城市园林，大多有着一平似镜的水面。静谧、朴实、稳定是静水的主要特点，这也是静水深受我国文人雅士欢迎的一个原因。园林之水虽静，但不是那种无生气的"死静"，而是显出自然生气变化的静。水平如镜的水面，涵映出周围的美景。蓝天行云、翠树秀山、屋宇亭台等，仿佛都飘浮在水下，使人联想起天上的神仙府第。而当视线与水面夹角增大时，反射效果减弱，这时透过清澈的水面又可以看到水草的飘忽，鱼儿的游动，微风吹过，在水面上激起层层涟漪，水又像是轻轻抖动的绿绸。

平静的水面，造园家处理的方法却是多变的，能将静水的特点发挥得淋漓尽致。园小水面的设计是：窄则聚之，缘岸设水口和平桥，使水域的边际莫测深浅，或藏或露，不让游人一览无余。漫步水际，水回路转，不断呈现一幅幅引人入胜的画面。这样，水体虽小，却使人有幽深迷离的无限观感。园林大园水面的设计是：宽则分之，平矶曲岸，小岛长堤，把单一的水上空间划分成几个既隔又连、各有主题的水景，形成一个层次丰富、景深感强的空间序列。例如北京颐和园的昆明湖水面浩瀚，要是这一大片水面中空无一物，看上去未免单调。造园家在水中置了几座大小不同的岛，又以桥堤相连，使单一的湖面变成远近皆赏的美景，表现了造园家对大面积静水处理的高超技艺。当游人站在佛香阁上俯瞰湖水，最先引起人们注意的是一颗镶嵌在粼粼碧波中的翠珠——南湖岛（又叫龙王庙岛、小蓬莱）。南湖是昆明湖中直接与万寿山前山相接的一处水面，葱翠的小岛位于湖中央偏近东堤，岛北岸的涵虚堂与佛香阁隔水相望，互成宾主，成为这一片湖景的构图中心。造型精美的十七孔长桥又将南湖与昆明湖分隔开。对于久居闹市、与自然山水环境隔绝的人们来说，见到自然状态的水，立刻会感到神清气爽，满目清新。

（二）水的动态美

园林中的动态水指山涧小溪及泉瀑等水景，它们既表现出不同的动态美，又以美妙的水声加强了园林的生气。动水景首推泉水。泉水之美和园林之美合在一起，更令人赞叹不已。清刘鹗在《老残游记》中描绘的“家家泉水，户户垂杨”的景色，指的便是这种林泉合一的美。在济南的七十二名泉中，最令人神往的是趵突泉。趵突泉原来叫槛泉，是古泺水的发源地。泉水从地下溶洞的裂缝中涌出，三窟并发，昼夜喷涌，状如三堆白雪。泉池基本成方形，广约1亩，周围绕以石栏。游人凭栏而立，顿觉丝丝凉气袭人。俯瞰泉池，清澈见底。在水量充沛时，泉水可上涌数尺，水珠回落仿佛细雨沥沥，古人赞曰：“喷为大小珠，散作空濛雨。”其周围的景色又同泉池溶成一体，形成了一个个清幽而又趣味浓郁的园林风景空间。为了强调泉水景，造园家在泉池北面，建有突出于水面之上的泺源堂，栋梁均施彩绘，黄瓦红柱的厅堂与池水银花交相辉映，十分悦目。游人静坐堂中，观赏那池水漪涟，别有情趣。在泺源堂抱厦柱上，刻有元代赵孟頫的咏泉名句：“云雾润蒸华不注，波涛声震大明湖。”每逢秋末冬初，良晨晴空，由于趵突泉泉水温度高于周围大气温度，水面上飘浮着一层水汽，犹如烟雾缭绕，使泺源堂好像出没于云雾之中。泉池西南部水中置有趵突泉石碑，给池面景观增加了内容，又使之与厅堂互为对景。清乾隆皇帝也十分喜爱此景，曾为趵突泉题过“激湍”两字，并把它封为“天下第一泉”。济南之外，江南无锡惠山园的天下第二泉，镇江金山的天下第一泉，苏州虎丘剑池第三泉，以及杭州虎跑和龙井等均是园林中著名的泉水景。

瀑水也是园林中的动水水景。除了一些大型苑囿和邑郊风景园林的真山真水有自然形成的瀑布之外，园林中的瀑布多数是人工创造出来的动水景观。有的园林利用园外水源和园内池塘水面的高差，设置瀑布水景。例如山西新绛县的隋唐名园——绛守居园池，就是利用了平原上的水，经水渠引入园内而造成高约十余米的瀑布。当年水大时，好像白练当空，声不绝耳。有的园林在上游水源上垒石坝，使水产生落差。例如北京西北郊的清华园是一座以静水为主景的园林，水面以岛堤分隔成前湖、后湖两部分。造园家在后湖西北岸临水建阁，并且垒石以提高上游来水的水位。于是在水阁中可观赏两种不同的水景，临湖是一片平湖水光，而西北面则“垒石以激水，其形如帘，其声如瀑”。当时著名文人袁中道亦有句称赞道“引来飞瀑自银河”。还有的园林则借助人力引水，或者把雨水储于高处，需要时放水而造成动水之景。如南京瞻园的假山上，上海豫园点春堂前快楼旁的湖石山，原来都有瀑水景致。

流觞曲水是我国古典园林中一种特殊的建筑水景，它起源于古代人们欣赏园林风景时的一种游戏。我国古代文人在园林风景名胜地集会时经常举行一种以题对为主要内容的文化游戏：人们沿着一条曲折小溪坐开，上游第一人为主人，出题让下游各人对和。每次开始时，便在水面上放上一只大盘，盘上载一杯酒，顺流漂下。每当酒杯漂到一个人的面前，这人便要及时联上一句，如接不上，就要罚酒三杯。最有名的曲水流觞欢聚是东晋永和九年（公元 353 年）王羲之等人在会稽（今绍兴）兰亭的一次。少长群贤们聚在郡郊的风景地，作文吟诗，流觞取乐，王羲之曾为此写道：“此地有崇山峻岭，茂林修竹，又有清流急湍，映带左右，引以为流觞曲水，列坐其次，虽无丝竹管弦之盛，一觞一咏，亦足以畅叙幽情……”在美丽的园林风景之地，边赏景边观水，又能开怀畅饮，同时以游戏的形式进行文学创作活动。因而，曲水流觞一直是我国古代园林欣赏的一个内容。但是，要寻找一条适宜流觞的曲溪并不容易，后来不少园林就结合水景的布局，叠砌弯曲狭小的流水涧渠以便文人游戏。再后来，为了游赏的方便，便把这曲水设计得更小，放到建筑中，使这流水景致和建筑亭台完全合并在一起。北宋编纂的官方营造法规《营造法式》中，还专门收入了流觞亭地面曲水的做法，可见当时这一活动的普及。今天位于北京恭王府花园园门右侧假山旁的流杯亭，北京故宫内乾隆花园主体建筑古华轩西侧的禊赏亭都是这类将动水引入室内的游赏建筑。它们都有上游水源，以保证流觞活动的进行。如恭王府花园假山东南角有一口井，需要时可汲水顺槽流下；乾隆花园禊赏亭的水来自衍祺门旁水井边上的两口大水缸。当然将自然溪流之曲水改作人造的小沟渠，其趣味和意境是大不相同的，但从这很有特色的风景设计上仍可以看出水和建筑的亲缘关系。

## 二、水的洁净美与流动美

### （一）水的洁净美

水具有清洁纯净的美质，这是水的本质美。在凛冽的寒冬，它凝固成冰而清冷；在温热的季节，其液态洁净而清澄。一般地说，只有异物污染水，而水决不会污染他物。在世间万物中，只有水具有本质的澄净，并能涤洗万物，为之“排沙驱尘”，使其清新鲜洁。

正因为水澄澈、清洁、明净，所以中国诗史上出现了不胜枚举的、千古传诵的咏水名句。如谢灵运的“云日相晖映，空水共澄鲜”、谢朓的“余霞散成绮，澄江静如练”、孟浩然的“野旷天低树，江清月近人”、范仲淹的“笑解尘缨处，沧浪无限清”。诗中的“水”给人以或清新、或亲切、或平静、或透明等沁人心脾的美感，而其本质在“澄”、“清”二字。王献之《镜湖帖》就有"镜湖澄澈，清流泻注"的名句；在南朝梁，陶弘景《答谢中书》中的"高峰入云，清流见底"也脍炙人口；在唐代，柳宗元《小石潭记》中的"水尤清冽"，"鱼可百许头，皆若空游无所依……"更令人难忘。以上诗文所描写的水的洁净美，在园林中大抵可以见到。在北京皇家园林北海东岸有画舫斋，斋前有一方池，四周有斋、轩、室、廊面向环绕，清澈明净的水池成了景区审美鉴赏的中心。主体建筑画舫斋内，有匾曰"空水澄鲜"，就取谢灵运《登江中孤屿》诗意，它引导人们欣赏的，就是天空水面那种云日辉映、空水澄清的美。颐和园有一个园中园——谐趣园，是依据无锡寄畅园而仿建的，其建筑采取围池散点周边布置格局。在面池的建筑中，除主体建筑涵远堂而外，有"引镜"、"洗秋"、"饮绿"、"澹碧"、湛清轩、澄爽斋等它们似乎都为水而命名，以水为主题，人们仅从一系列题名中，就可想见其水的洁净美。再从私家园林来看，明代王世贞《游金陵诸园记》也指出西园的芙蓉沼"水清莹可鉴毛发"；又指出武氏园中"水碧不受尘"。苏州现存的怡园有抱绿湾，园主顾文彬曾为其集联："一泓澄绿，两峡崭岩，漫云壑水边春水；石磴飞梁，寒泉幽谷，似钴姆潭西小潭。"这也是启导人们去品赏其澄净之美，揭示了水那种清洁纯净的现象美或本质美。

（二）水的流动美

正因为水活，流动，所以在园林中，它能用来造成各种水体景观，给人以种种审美享受。如前所述，在绍兴兰亭这个积淀着名士风流的园林中，其流水的利用可谓别具情趣，这就是王羲之《兰亭序》中所说的将"清流急湍"引为"流觞曲水"这一流芳百世、别开生面的游艺活动，其创造性地利用了水的流动性正是"谁云真风绝，千载挹余芳"。而今的兰亭流觞曲水，力图恢复旧貌，水因自然成曲折，既有曲水流动之美，又有文化意蕴之美，几乎成了该园一个最著名的水体景观。我国很多名胜园林，都曾予以模仿。

关于水的"活"、"流"、"动"的审美特征，还可再看以下写景抒情的有关对联："花笺茗椀香千载；云影波光活一楼"（成都望江楼茗椀楼联）；"爽气西来，云雾扫开天地憾；大江东去，波涛洗尽古今愁"（武昌黄鹤楼联）；"风前竹韵金轻戛，石罅泉声玉细潺"（北京中南海听鸿楼东室联）。望江楼在四川成都濯锦江边，相传为唐代女诗人薛涛故居。园内有薛涛井、濯锦楼和吟诗楼。上引何绍基所撰书之联妙在"香"、"活"二字，它不但像"诗眼"一样把对联点活了，而且揭示出水的动态美，把楼也活化了。

水不仅使人眼清目明，更能让人洗涤性灵、顿释烦絮。园林之水这突出地体现了水作为审美客体的陶冶性情、净化心灵的作用。

## 第四节　花草树木美

花木造景是中国园林的构成要素之一。花草树木是园林空间弹性最强的造景部分，花草树木可以按人们的审美观景需要，随心所欲地进行布局，或此密彼疏、彼密此疏，或此高彼低、彼低此高，或此花彼树、彼树此花等，成为园林中极富变化的动态景观。花木种植在土壤中，看起来好像是静态观赏的对象，其实花草树木属于静中有动的景观。一是花草树木有萌芽、成株、成景的时期，其发育成长过程是一个处于不断变化的动态过程；二是春天开花、夏天成荫、秋天落叶、冬天露骨。一年四季的景观不同，完全是一个动态变化过程。以荷花为例，初夏时，“小荷才露尖尖角，早有蜻蜓立上头”；盛夏时，“接天莲叶无穷碧，映日荷花别样红”；暮秋时，“秋阴不散霜飞晚，留得残荷听雨声”。同是一种荷花，在三个季节具有三种不同风景观赏美，正是充满了一幅动态变化的美景。

花草树木给园林增添了无穷的生机和野趣，用花草树木造景不但丰富了园林景色的空间层次，还可起到划分园林景区、点缀园林的作用。

花草树木给人带来美感可以分为自然美和社会美两大方面。花草树木自然美是指花草树木的色、香、形、声、光等自然属性，使人们可以直接欣赏、马上进入审美状态；花草树木又能够使人联想到人的刚直、高洁、雅逸、潇洒等品格，这就是花草树木的社会美。花木的自然属性拟人化深化为社会美，使人的情操得以升华。中国园林中的花草树木，不是可有可无、随意放置的摆设，而是深寓含义和颇具匠心的。

进入现代社会，人们对花草树木又有了更加深刻与清醒的认识，我国著名园林学家余树勋先生提出：“现在提倡植物造园，可以是超国际超时代的人类需要。这不是独创的新鲜事，而是为了全人类在地球上生存下去，让子子孙孙生活得更好些。环境科学已经清清楚楚地告诉我们：只有用植物创造的环境才是最美好的环境，而不是盖庙修菩萨，大搞亭台楼阁。”

**一、园林花草树木的主要种类**

园林花木种类繁多，分类方法多样。如果按花木的观赏部位划分，可分为观叶花木、观花花木、观景花木；按园林的用途划分，可分为花坛花木、绿篱花木、防护花木、地被花木、庇荫花木、攀援花木、棚架花木、行道花木、盆景花木等；按气候带划分，可分为热带花木、亚热带花木、温带花木、寒带花木、沙漠花木、高原花木等。以下按草本花卉和木本花木做简要介绍。

（一）草本花卉

1. 草花

主要有一二年生花卉、多年生花卉和球根类花卉三种。一二年生花卉，大部分为种子繁殖。其中春播后当年开花、然后死亡的，称为一年生草花，如矮牵牛、一串红等；播种后次年开花，然后死亡的，称为二年生草花，如金盏菊、虞美人等。这类草花花朵鲜艳，装饰效果强，但生命短促，栽培管理费工，在园林中只适用在重点景区装饰各式花坛。

多年生花卉，又称宿根花卉，可以连续生长多年。一般冬季地上部分枯萎，次年春季继续抽芽生长。在温暖地带，有些品种可终年不凋，或凋落后又很快发芽。如芍药，每年秋末地上茎叶全部枯死，地下长纺锤型的肉质根积贮着充足的养料，深深地埋藏在土中，根颈处长着待发的幼芽，当次年春回大地的时候，幼芽破土而出，尔后叶色逐渐由紫红转为深绿色，除了顶端和最后发生的叶为单生外，其余都是羽状复叶，整个株丛和叶片均具观赏价值；花生茎端，硕美艳丽，于暮春开放，素有“春深霸众芳”、“芍药殿春风”之誉。这一类草花花期较长，栽培管理省工，常用来布置花坛。

球根类花卉，地下部均有肥大的变态茎或变态根，形成各种块状、球状、鳞片状。球根类花卉种类繁多，花朵美丽，常见的如水仙、百合、大丽菊、百子莲、唐菖蒲等。这类草花常混植在其他多年生花卉中，或散植在草地上。

2.草皮

系单子叶植物中禾本科、莎草科的许多植物。由于植株矮小，生长紧密，耐修剪，耐践踏，叶片绿色，生长季节长，因而常用来覆盖地面。常见的有早熟禾属、结缕草属、剪股颖属、狗牙根属、野牛草属、羊茅属、苔草属等中的植物。经过人工选育，我国已经培育出几百个草皮植物品种，满足各生态园林的需要。铺设草皮植物，可使园林不暴露土面，减少雨水对地面的冲刷、降低尘埃和热量反射，调节空气相对湿度和温度。

（二）木本花木

我国的木本花木资源丰富，种类繁多，栽培历史悠久。以下简要介绍之。

1.针叶乔木

树形挺拔秀丽，在园林中具有独特的装饰效果。其中雪松、南洋杉、日本金松、巨杉（世界爷）和金钱松五种，号称“世界五大名树”。针叶乔木又可分为常绿和落叶两类。常绿针叶乔木，叶色浓绿，终年不凋，生长较慢，寿命长，其傲岸的体形和苍翠的叶色，给人以庄严肃穆和安静宁祥的感觉，用松点缀寺院、圣迹等特别合适。落叶针叶乔木，如金钱松、杉木等，生长较快，比较喜温，秋季叶色变为金黄或棕黄色，给园林增添季相特色。

2.针叶灌木

在松、柏、杉三类树中有一些属有天然的矮生习性，有的甚至植株匍匐生长，在园林中常用作绿篱、护坡，或装饰在林缘、屋角、路边等处。桧柏属的矮生品种，如今已培育出200多个，其中大部分的亲本是原产于中国的桧柏。另外一部分矮生的松柏类，则是人工培育而成。

3.阔叶乔木

阔叶乔木在园林中占有较大的比重。南方园林中常种常绿阔叶树。如玉兰、枇杷、竹等,供作庇荫或观花之用。北方园林中大量种植落叶阔叶树,如杨、柳、榆、槐等属中的树种。桂花、橘树、梅花、李树等小乔木树种,既有美丽的花朵可供观赏,还有果子可供品尝,是园林中一举两得的极好的观赏花木。

4.阔叶灌木

植株较低矮,接近人的视平线,叶、花、果可供观赏,使人感到亲切愉快,是增添园林美的主要树种。如北方常见的榆叶梅、连翘等,南方常见的夹竹桃、马缨丹等。阔叶灌木无论常绿、落叶,在园林中孤植、丛植、列植、片植均适宜,同各种乔木混植,效果更佳。

5.阔叶藤本

这类植物常常攀附在墙壁、棚架或乔木上,常用于园林攀缘绿化和垂直绿化。园林中常见的常绿藤本有叶子花、常春藤、络石等,落叶藤木有紫藤、葡萄、爬山虎、凌霄花等。藤本植物中,有些有攀附器官,可以自行攀缘,如爬山虎、常春藤等;有些必须人工辅助支撑,才能向上生长,如紫藤、葡萄等。它们或以大片绿色,或以鲜艳花朵,或以累累果实,或以奇特攀缘形态,各显特色,为园林增色添景不少。

**二、园林花草树木的审美**

(一)花草树木的自然美

从美学的角度讲园林花草树木的自然美大致包括了视觉、嗅觉、听觉等方面的内容。

1.园林花草树木视觉美

(1)色彩　园林花草树木的选配,首先注意的是色彩。因为色彩最易引起视觉的注意,并引起视觉的兴奋。所以,花木的美感,首先来自花木的色彩。每一种观赏花木,均有自己的独有色彩,以供人观赏。然诸种色彩中,绿色是最为重要的。绿色是一种柔和、舒适的色彩,它能给人一种镇静、安宁、凉爽的感觉,对人体的神经系统,特别是对大脑皮层,会产生一种良好的刺激,可缓和人的紧张情绪。

近年来国内外专家提出了“绿视率”。绿视率是指绿色植物在人的视野中所占的比例。这是一个崭新的绿化计量指标。专家认为:如果绿色在人的视野中占25%,则能消除眼睛和心理的疲劳,使人的精神和心理感觉最为舒适,对人的健康也最有益处。世界上几个有名的长寿区,其绿视率均达15%以上。另据一位美国医学教授的研究表明:绿色植物与病人的康复有着直接的关系,当病人经常能俯瞰到绿色植物群落时,身体恢复得较快。因此人类在千万种色彩中,首先需要的色彩是绿色,绿色是人类的生命之本,给人以生命勃发的美感。一位作家曾出色地描绘过这种感受,他说:“本真的、毫无一丝污染的‘绿’,不仅仅是一种颜色,更是一种‘气’,一种‘神’,一种蓬蓬勃勃的生命力。”

在园林花木配植中,绝对不能缺少绿色的花木。科学家的研究表明:人眼的构造最适应植物的绿色。正由于这一原因,世界旅游的流行色始终是绿色,世界旅游的竞争王牌是“绿色牌”，世界的一些著名城市，如澳大利亚的堪培拉、扎伊尔的金沙萨、肯尼亚的内罗毕等，被直接形容为“绿城”。1994 年，法国巴黎掀起了“绿色之爱”运动，每生下一个婴儿，其父母就要种下 10 棵树。欧洲打出的口号是：建设一个“绿色欧洲”。在这样一个世界性“绿色崇拜”的氛围下，绿色生态热、绿色食品热、绿色医院热、绿色旅馆热，甚至绿色时装热，方兴未艾。以绿色旅游为龙头的世界旅游业，更是不断地向前发展。作为园林构成的要素之一的花草树木，首要的是选择绿色丰富的花木，特别是一年四季常绿的花草树木，使其全年都充满浓郁的绿色。

(2)形态　花木有着千姿百态的形象与姿态，每种形象与姿态都展示着自身的美。常见的松树虽然不开鲜花，但其形象与姿态却表现出多样的美：南岳松径，泰山古松，黄山奇松，恒山盘根松，这些各式各样的阳刚雄姿，为山川传神、为大地壮色。松与山水组合，更是胜景迭出。竹的姿态美也丰富多样，有高大挺拔的毛竹，有修然秀贤的楠竹，有丛状密生、覆盖地面的箬竹，有头梢下垂、宛若钓丝的慈竹，有叶如凤尾、飘逸潇洒的凤尾竹，杭州黄龙洞的方竹，洞庭湖君山的湘妃竹等，不同的竹类各显不同的形态美，供人观赏。梅花的形态，细分有古态、卧态、俯态、仰态、群态、个态、动态等，千姿百态各具美感。垂柳以其摇曳形态动人，园林池畔一般爱种垂柳，因为垂柳“虽无香艳，而微风摇荡，每当黄莺交语之乡，鸣蝉托息之所，人皆取以悦耳娱目，乃园林必需之木也”，它随风摇摆的那种美丽姿态，使得古代诗人们不厌其烦地描写它：“碧玉妆成一树高，万条垂下绿丝绦”(贺知章)；“隔户杨柳弱袅袅，恰似十五女儿腰”(杜甫)；“一树春风千万枝，嫩于金色软于丝”(白居易)；“春来无处不春风，偏花湖桥柳色中”(陆游)；“桃红李白皆夸好，须得垂柳相发挥”(刘禹锡)。牡丹以花色娇艳倾国，它的千姿百态独具美感，如唐人舒元舆《牡丹赋》所说：“向者如迎，背者如诀。忻者如语，含者如咽。俯者如愁，仰者如悦。袅者如舞，侧者如跌。亚者如醉，曲者如折。密者如织，疏者如缺。鲜者如濯，惨者如别。初胧胧而下上，次鳞鳞而重叠……或的的腾秀，或亭亭露奇。或飐然如招，或俨然如思。或带风如吟，或泫露如悲。或垂然如缒，或烂然如披。或迎日拥砌，或照影临池。或山鸡已驯，或威凤将飞。其态万万，胡可立辨?”真可谓“风前月下妖娆态，天上人间富贵花”(吴澄)；“疑是洛川神女作，千姿万态破朝霞”(徐凝)。菊花不仅颜色鲜艳，而且姿态万种，从“怀此贞秀资，卓为霜下杰”(陶潜)；“雪采冰资号女华，寄声多是地仙家”(张贲)；“好共青幽矜晚节，偏从摇落殿秋光”(申时行)的描述中可见其美。兰花素以花开时的幽香闻世，但兰叶姿态飘逸，也极具美感，正是“泣露偏光乱，含风影自斜；俗人那解此？看叶胜看花!”(张羽)所描写的。我国花草树木种类繁多，其形态各异、美不胜收。

2.园林花草树木嗅觉美

人类很早就注意到香味的作用。气味对人的心理变化能产生一定的影响，芬芳的气味，使人舒适愉快；秽臭的气味，则让人沮丧、烦厌而扫兴。美国哈佛大学一位心理学家经过多年研究后发现，不同的花香气味可以影响人们的情绪，水仙和荷花的香味，使人感情温和；紫罗兰和玫瑰的香味，给人一种爽朗、愉快的感觉；柠檬的香味，令人兴奋向上；丁香的香味，可以使人沉静、轻松，唤起人们美好的回忆。

医学家们对此又作了进一步的探索，发明了利用花木的香味来治病的方法，丁香花的香对牙痛病人有止痛作用；香叶天竺葵可舒张支气管平滑肌，具平喘作用。用蒸馏法提取的香精，可直接治疗疾病，白兰花精油、松油、氧化芳樟醇，有抗菌作用；玫瑰精油、茉莉花精油，杀菌力极强；桂花精油，不但能抗菌消炎，还可止咳、化痰、平喘。

目前，俄罗斯、美国、日本正在兴起“香花医院”，不靠昂贵的设备和药物，而是利用开放的鲜花，让病人吸入一定剂量的活的香气，以此作为医疗手段。芳香花木还能提高工作效率。日本心理学家曾做过一项试验，将特定的芳香气味导入工作场所，测试结果发现，香味能消除人的疲劳紧张，减少操作失误。在薰衣草香气中工作的电脑操作人员，击键差错可减少 20%；茉莉花香的效果更好，可使失误减少 1/3；效果最好的是柠檬香气，能减少一半差错。目前，日本一些企业正在以研究香味的疗效作为基础，展开各种芳香事业。

总的说来，多数花草树木的香气，使人浑身舒畅，心情愉快，有利于身心健康，甚至还可以直接治疗疾病。因而，在选配园林花木时，凡是具有芳香的花木，理应优先选用。但应注意一些气味过浓的植物，容易使人过敏，应当慎重选用。

3.园林花草树木听觉美

不同的花木种群在风、雨、雪的作用下，能发出不同的声响；不同形态和不同类型的叶片相撞相摩，也会发出不同的声响。这类声响，有的萧瑟优美，有的汹涌澎湃，具有不同的韵味，从而产生音乐感。烦躁不安、心悸不宁，特别是患心脏病者，若在竹林内静坐，萧瑟之声有镇静解热作用。据说，清代著名画家郑板桥，早年体弱多病，然而他极爱宅前的一片竹林，常在林中静坐冥想，几年后，竟奇迹般地恢复了健康。

要使花木产生音乐声响，应该有意识地选择那些叶片经大自然的风雨雪作用、互相撞击后能发出优美声响的树种，而且要有较多的种植数量，这样才能产生较佳的声响效果。

松涛的声音自古令人喜爱，我国古代人们就有“听松”之嗜。“为爱松声听不足，每逢松树便忘怀”。当我们凝神而听，松的声音确实有音乐音响中所没有的魅力，而且孤松、对松、群松、小松、大松，在各种气象条件下，会发出千万种不同的声响。白居易这样描述：“月好好独坐，双松在前轩。西南微风来，潜入枝叶间。萧寥发为声，半夜明月前。寒山飒飒雨，秋琴泠泠弦。一闻涤炎暑，再听破魂烦。谁知兹檐下，满耳不为喧。”成片栽植的松林，则有独特的松涛震撼力量，杨万里写道：“松本无声风亦无，适然相值两相呼。非金非石非丝竹，万顷云涛殷五湖。”

许多花草树木景观可以利用风吹花木枝叶，借听天籁清音。听风声、寻雨声，可以通过种植花草树木得到实现。雨声淅沥，常有一种“雨来有清韵”的审美韵味，人们在造园时，有意识地在亭阁等建筑旁栽种荷花、芭蕉等花木，借来雨滴淅淅沥沥的声响，创造出园林中的听觉美。苏州拙政园留听阁，阁前有平台，两面临池，池中有荷花，其阁名取自李商隐“秋阴不散霜飞晚，留得残荷听雨声”的诗意。杭州西湖十景之一的曲院风荷，就以欣赏荷叶受风吹雨打、发声清雅这种绿叶音乐为其特色，所谓“千点荷声先报雨”。芭蕉的叶子硕大如伞，雨打芭蕉，如同山泉泻落，令人涤荡胸怀，浮想联翩。杜牧曾写有“芭蕉为雨移，故向窗前种；怜渠点滴声，留得归乡梦”的诗句；白居易也曾写有“隔窗知夜雨，芭蕉先有声”的诗句。苏州拙政园有听雨轩，轩旁种有芭蕉，其轩名取其“雨打芭蕉淅沥沥”的诗意，创造出“雨打芭蕉”的审美意境。

（二）花草树木的社会美

花草树木的社会美并非是其本身所固有，而是人们对其加以人化的结果。由于我国农业文化的深厚积淀，使人们养成了含蓄内敛的民族性格。花草树木便成为人们借物喻志、颂花寓情的审美对象。人们将一些观赏物的自然特征，引向更深更高的社会道德伦理、人生哲理以及志向、理想的层次，把花草树木自然属性，深入、提升到人的内在品性和理想抱负的层面。这样使人们在对花草树木的欣赏过程中，使花草树木美学内涵更丰富、更深沉、更理性，起到了净化人类灵魂、升华人类境界的作用。

1.刚强、正直的品格

刚强、正直本是用来形容人的品格，是中国历代文人特别崇尚的品性与人格。因而，在林林总总的花木中，他们最喜爱具有这种品格的花木。

梅花是公认的“节操刚介”花木，具体表现为“傲霜雪而开”、“与松竹为友”和“先众木而华”等方面。梅花在霜雪季节开放，本来是一种自然景象，但历代文人就把它与人的“节操刚介”联系起来，颂道：“凌霜雪而独秀，守洁白而不污，人而像之，亦可以为人矣”；“雪里不嫌情味苦，一枝占断九州春”等等。由于梅花具有“节操刚介”这一精神属性，因而历代节操刚介的高士，纷纷以梅为清客、清友、故人，甚至于梅妻。

松树的“遇霜雪而不凋，历千年而不殒”的自然特性，被历代文人视为君子刚直品性的一种象征。李白歌颂它：“松柏本孤直，难为桃李颜”；白居易歌颂它：“彼如君子心，秉操贯冰霜”。由于松树具有君子刚直不阿的这一精神属性，因而古代文人最爱在自己的园林里种植它，白居易在他的《栽松》中有：“爱君抱晚节，怜君爱直文；欲得朝朝见，阶前故种君；知君死则已，不死会凌云。”

竹子由于“不挎自直”的自然品性，被古代文人视为象征君子刚直不阿的一种花木。李白歌颂它：“不学蒲柳凋，贞心常自保”；苏轼歌颂它：“肃然风雪意，可折不可辱”；王安石歌颂它：“人怜直节生来瘦，自许高材老更刚”。郑板桥爱竹，与竹可谓是难舍难分。他画了很多的竹，写了许多的咏竹诗，如：“举世爱栽花，老夫只栽竹，霜雪满庭除，洒然照新绿。幽篁一夜雪，疏影失青绿，莫被风吹散，玲珑碎空玉”；“咬定青山不放松，立根原在破岩中；千磨万击还坚劲，任尔东西南北风”；“乌纱掷去不为官，囊橐萧萧两袖寒；写取一枝清瘦竹，秋风江上作渔竿”；“一节复一节，千枝攒万叶；我自不开花，免撩蜂与蝶”。郑板桥眼中的竹子就是他自己品格的象征，他一方面赞美竹的坚定、坚强、正直、不谄，另一方面也是抒发自己的情怀，展示自己的人品与情操。

2.高尚、纯洁的傲骨

中国历代讲究节操的文人，喜欢选择具有这类精神属性的花草树木进行歌颂。

梅花是具有“高洁”精神美的首选花木，大致表现为傲霜斗雪、甘愿淡泊。有人说她“天怜绝艳世无匹，故遣寂寞依山园”；有人说她“高标已压万花群，尚恐娇春习气存”；有人说她“梅清不爱尘，日净本无垢”；有人说她“为怕缁尘着素衣，冻痕封蕊放香迟”。梅花的这种高洁，实际是人的品性的一种自况：“情高意远仍多思，只有人相似”；“凌霜雪而独秀，守节白而不污，人而象之，亦可以为人矣”。由于梅花具有这些精神属性美，因而成为私家文人园林里的首选花木。正如《花镜》所说：“盖梅为天下尤物，无论智、愚、贤、不肖，莫不慕其香韵而称其清高。故名园、古刹、取横斜疏瘦与老干枯株，以为点缀。”

荷花出尘离染，清洁无瑕，故而我国人民和广大佛教信徒都以荷花在污泥中生长、但自身却洁净淡雅的高尚品质作为激励自己洁身自好的座右铭。许多园林都有莲、荷景致，北京北海公园的荷花池，每逢夏日绿叶连片、荷花绽放。杨万里有“接天莲叶无穷碧，映日荷花别样红”的赞美诗句；周敦颐有“予独爱莲之出淤泥而不染，濯清涟而不妖，中通外直，不蔓不枝，香远益清，亭亭静植，可远观而不可亵玩焉。予谓菊，花之隐逸者也；牡丹，花之富贵者也；莲，花之君子者也”。

菊花历来被视为孤芳亮节、高雅傲霜的象征，寓意人的不随风逐流，不与人争春斗艳的品格。菊花因其在深秋不畏秋寒开放，深受人们的喜欢。李商隐的《菊花》：“暗暗淡淡紫，融融冶冶黄。陶令篱边色，罗含宅里香”；白居易的《重阳夕上赋白菊》：“满园花菊郁金黄，中有孤丛色似霜”；陆龟蒙的《亿白菊》：“稚子书传白菊开，西成湘滞未容回，月明阶下窗纱薄，多少清香透入来”；欧阳修的《菊》：“共坐栏边日欲斜，更将金蕊泛流霞。欲知却老延龄药，百草摧时始起花”；史铸的《咏翻集句》：“东篱黄菊为谁香，不学群葩附艳阳。直待索秋霜色裹，自甘孤处作孤芳”；高启的《晚香轩》：“不畏风霜向晚秋，独开众卉已凋时”；陈毅的《秋菊》：“秋菊能傲霜，风霜重重恶。本性能耐寒，风霜其奈何！”这些都是借菊花来寄寓人的精神品质，这里的菊花无疑成为人的一种品格的写照。

**作业：**写一篇关于石头的小论文。

# 第八章　中西方园林的文化与审美

世界各个民族都有自己的历史与传统文化，基于其上的造园活动各具不同的艺术风格，进行中西方园林审美的比较可以使长处明晰、短处浮显，利于我们取他人之长，补自己之短；同时也可以使我们优秀的园林文化基因得以发扬光大。

## 第一节　中西方文化的差异

基于生存环境的不尽相同以及对自然的态度和观念的不同，中西方传统园林发展产生了迥异的结果。西方园林从一开始就同秩序密不可分，从一开始就是与自然抗争，并试图征服自然来产生他们认为的和谐美。而中国园林从一开始就是建立在尊重自然的基础上去模仿自然、再现自然，利用自然的可持续性在为自我服务的同时"创造"出自然式的园林，成为人与自然和谐、相融的自然美的园林风格。人与自然在起源上是合一的，随着时空的发展变化，人从被动地随同自然向主动地改造自然进化。在这一过程中，中国人和西方人从不同的角度去认识自然，又以不同的方式和态度去改造和征服自然。因此，中西方园林各自不同的特征，正是文化的差异所造成的。

### 一、天人合一

"天人合一"与"征服自然"是两种文化对同一自然的不同态度，从而形成了不同的自然观念。"天人合一"是指天道与人道、自然与人为相通、相类和统一。中国历代思想家，一般都反对人与天相互敌对的观点，讲求天与人的统一，形成了关于"天人合一"的不同学说。

"天人合一"的渊源可追溯到华夏文明的远古时期。据考证，"天"字的最初原型(象形字)就是一个"人"的形象。英国的李约瑟也提到，许多学者认为"天"是象形字，代表原始的拟人的神明。中国自古以来就有崇拜"天"的风俗，至少从夏朝开始，"天"就成了人们心中的至上神，殷人对天神更是敬畏有加。在古人看来，"天"超越于尘世之上，主宰着人间的命运，决定着万物的生灭。

专家学者们将"天人合一"观念的演变，总结、划分为以下几个发展阶段，每个阶段都有不同的思想特征。

第一阶段"天命论"：盛行于夏、商、周三代，至春秋战国时代逐渐衰落，这一时期人们对"天人合一"的理解具有原始巫术的"天人互渗"的思想特征。这里既有祭祀、观测、巫术等物质层面的活动，也有将"天命"用于社会变革和道德教化的精神层面的活动。

第二阶段"天道论"：春秋战国时期，学者们对天人关系的理解趋于抽象化和理性化，"天人合一"观念的发展进入第二阶段。这一时期的观念可称之为"天道论"，因为"道"已成为当时学者们关注的核心范畴。此外"天命"、"天意"、"天情"、"天志"这些范畴均已出现。由于这些范畴实际上是将人类最普遍的属性或特征赋予天，所以其思想特征在于"天人同性"。这一时期对自然之天的观测也进一步精细。老子强调"道法自然"的顺天思想，儒家提出"赞天地之化育"的助天思想，奠定了后世"顺天应人"的思想基础。

第三阶段"天人感应"：秦汉之际，"天人合一"的观念发展到第三阶段，这就是"天人感应"。其思想特征在于强调"天人同类"，这一观念当时由于得到朝廷推崇而迅速发展。

第四阶段"天理论"：宋时"理"已成为此时思想界的核心范畴。北宋张载所谓的"天人合一"，指的是天与人的关系合为一体，不可强分。言天道就是讲人事，言人事也就是讲天道。知天即是知人，天与人息息相关，天意是通过人事体现的。

"天人合一"观念的演变，由原始巫术到专职巫师的卜筮之法，再到以"天人感应"为思想基础的"天学"，以及顺天、助天、制天的种种观念，总的趋势是强调人事要顺从天意，以得到天的佑护，避免天灾人祸。随着人们改造自然的能力不断增强，天与人之间的关系不断复杂化，"天人感应"逐渐演化成不同领域的天人合一关系。"天人合一"后期的观念着重强调主体与客体的相互贯通，主观世界与客观世界的相互贯通，而且体验的色彩也日益理性化。而"天人合一"观念完整的文化内涵，还需要通过这一观念在各具体领域的表现形态才能充分体现出来。"天人合一"这种朴素的行为环境意识是由稳定的文化基础决定的，我国园林所遵循的"师法自然"，作为中国园林一脉相承的造园意识是基于"天人合一"的自然观念，中国传统园林是对"天人合一"自然观念的感性显现。

### 二、征服自然

在西方文化的发展中，"征服自然"作为一个明确的思想命题，是在近代工商业活动兴起时出现的。其思想源头可以上溯到古希腊。古希腊所特有的逻辑抽象思维的产生，不仅影响到后来近现代科学在西方的出现，而且为近代以来大规模征服自然的活动打下了基础。西方文化中对"自然"的理解，经过长期的历史演变，逐渐由人们敬畏的对象变成人们控制的对象，这一变化对西方文化的发展产生了极其深远的影响。

西方文化中“征服自然”观念的形成，有着多方面的思想因素。在基督教文化兴起之前，西方人对自然界基本上还是持敬畏的态度。尽管自柏拉图以后，学者们大都认为永恒的理念世界比尘世的物质世界更高贵，但民众中仍充溢着对各种自然神的崇拜。在中世纪，按照《圣经》的观点，人和自然都是由上帝创造出来的，在这一点上自然并不比人有更高的地位，然而人们依然看重自然物中体现出来的神性。在西方社会实际生活中，“征服”的观念仍有相当大的影响。工商贸易活动需要对市场的征服，航海需要对恶劣自然条件的征服，扩大领土疆域需要对邻国的征服。希腊化世界和罗马帝国的形成都是长期征战的结果。中世纪欧洲教权压倒了王权，教皇认为欧洲土地养活不了当地居民，必须向外扩张，从不信上帝的人手里夺回圣地，于是出现了十字军东征。而这种宗教扩张在中国历史上是没有过的。当人们运用理性知识来把握自然规律，进而变革自然的时候，自然就成了人类利用的对象，而对其采取征服的态度只是时间的问题。

亚里士多德提出：物竞天泽。培根说：“务必将自然加上夹棍，逼她画出供来”，以便更好地征服她。康德宣称人是主人，“自然界的最高立法必须是在我们心中”，“理智的法则不是从自然界得来的，而是理智给自然界规定的”。黑格尔索性宣称，“绝对理念”是自然的主人，自然界是人精神的“外化”，理性创造了自然界。在西方主流的哲学传统中，几乎是人与自然没有和谐相融的余地，而是你死我活地相互抗争。

明确提出“征服自然”的主张始于文艺复兴之后，其时代背景是地理大发现带来经济活动的空前繁荣。达·伽马、哥伦布、麦哲伦等人发现新大陆的冒险，其直接的动力就是寻找财富，扩大贸易。按照哥伦布的说法：“黄金是一切商品中最宝贵的，黄金是财富。谁占有黄金，就能获得在世上所需要的一切，同时也就取得了把灵魂从炼狱中拯救出来并使灵魂重享天堂之乐的手段。”指南针、印刷术、火药传入欧洲，水力驱动机械的普遍应用，车床、磨床、枪炮、机械时钟的发明，为西方国家的海外扩张创造了条件。

在西方园林的发展中，我们可以看到从农业种植及灌溉发展到古希腊整理自然，使其秩序化，都是人对于自然的强制性的约束。西方园林经过古罗马、文艺复兴到17世纪下半叶形成的法国古典园林艺术风格，一直强调着人与自然的抗争。这是因为从思想上以德谟克利特为代表的原子论世界观对西方人的伦理观和价值观产生了某种程度的影响。“人也是由原子构成的，人是宇宙的缩影。”这一思想以后被逐渐发展并形成为注重个性、提倡人的尊严、强调人的价值观念，所以西方人文主义是由人们对探求、利用和控制自然的兴趣作引导的。他们肯定个人，肯定现实生活，求生存的竞争，促进了园林的发展。可以看出西方文化思想的发展，是从人与自然相分开认识自然、探索自然规律的。

“天人合一”的思维模式与“征服自然”的思维模式奠定了中西方园林差异的原始

基础。从而演绎出中西方园林异样的造园风格与园林美感。

## 第二节　中西方园林审美的差异

中西方园林艺术由于文化背景、思想观念的不同造成了风格的不同和美感上的差异，它们都是世界园林文化中的精华，值得我们学习与汲取。

### 一、中西方园林艺术风格比较

中西方园林在艺术风格方面有许多的不同之处，许多专家学者都作了有益的分析与总结，见表 8-1。

**表 8-1　中西方园林艺术风格比较**

| 类别 | 西方园林艺术风格 | 中国园林艺术风格 |
| --- | --- | --- |
| 园林布局 | 几何形规则布局 | 生态形自由布局 |
| 园林道路 | 轴线笔直式林荫大道 | 迂回曲折、曲径通幽 |
| 园林树木 | 整形对植、列植 | 自然形孤植、散植 |
| 园林花卉 | 图案花坛，重色彩 | 盆栽花卉，重姿态 |
| 园林水景 | 喷泉瀑布 | 溪池滴泉 |
| 园林空间 | 大草坪铺展 | 假山起伏 |
| 园林雕塑 | 人物、动物雕像 | 大型整体太湖巨石 |
| 园林取景 | 视线限定 | 步移景换 |
| 园林景态 | 开敞袒露 | 幽闭深藏 |
| 园林风格 | 骑士的罗曼蒂克 | 诗情画意、情景交融 |

摘自吕峰《浅析中西方园林艺术风格及其美学思想》。蓝天园林 2006 年第 02 期(总 33 期)

所谓风格就是指某一时期流行的艺术形式，中西方传统园林风格迥异的渊源如前所述，其审美感受是当今世人所有目共睹的。

如法国的凡尔赛宫，尽显了路易十四时期“博大的露天绿色建筑”风格的人的力量，它是法国古典主义艺术最杰出的典范。凡尔赛宫的园林在宫殿西侧，面积有 100 万 $m^2$，呈几何图形。南北是花坛，中部是水池，人工大运河、瑞士湖贯穿其间。另有大小特里亚农宫及雕像、喷泉、柱廊等建筑和人工景色点缀其间。放眼望去，跑马道、喷泉、水池、河流，与假山、花坛、草坪、亭台楼阁一起，构成规则园林的美丽景观。最为引人注目的是：几何形规则式整体布局，轴线笔直的大道，宽阔铺展的草坪，图案般的花坛，开敞袒露的喷泉、水池和逼真的雕像，一切都尽显西方园林的艺术风格和西人的审美趣味。

再如德国的无忧宫。无忧宫位于德意志联邦共和国东部勃兰登堡州首府波茨坦市北郊。宫名取自法文，原意“无忧”或“莫愁”。无忧宫及其周围的园林是普鲁士国王腓特烈二世（1745—1757年）时期仿照法国凡尔赛宫的建筑式样建造的，整个园林占地290hm$^2$，坐落在一座沙丘上，故也有“沙丘上的宫殿”之称。无忧宫前是平行的弓形6级台阶，两侧由翠绿丛林烘托。台阶上一排排被修剪整齐的树木有规律的排列，像是一位位接受检阅的战士。园内布置的是规整条理的呈几何形的道路网，在两旁树林护驾的小道上行走，感觉像走进了迷宫。园林的主轴线是一条东西向的林荫大道，它始于园林入口，从宫殿前穿过，延伸到新宫。严谨的轴线上有喷泉、雕像，但是整座园林并不是中轴对称的。虽然园内设有中国茶亭，但除了室内陈列着中国瓷器外，中国人物雕像、中国建筑尤其是龙塔都带有浓重的西方色彩。

以上是两座西方皇家园林，与之相对应的是中国的皇家园林颐和园。颐和园，位于山水清幽、景色秀丽的北京西北郊，原名“清漪园”，始建于公元1750年，时值中国最后一个封建盛世——“康乾盛世”时期。颐和园集传统造园艺术之大成，借景周围的山水环境，饱含中国皇家园林的恢弘富丽气势，又充满自然之趣，高度体现了“虽由人作，宛自天开”的造园准则。园中主要景点大致分为三个区域：以庄重威严的仁寿殿为代表的政治活动区；以乐寿堂、玉澜堂、宜芸馆等庭院为代表的生活区；以长廊沿线、后山、西区组成的广大区域，是供帝后们澄怀散志、休闲娱乐的苑园游览区。颐和园集历代中国皇家园林之大成，荟萃南北私家园林之精华，既有雄伟壮观、气势磅礴、巍峨高耸的楼、殿、宫、阁，又有蜿蜒曲折、婀娜多姿、幽风如画的水、桥、廊、岛。壮观与幽雅，政治与休闲，皇家的威严与乡村的野趣……似乎是浑然天成、和谐有序地融为一体。

## 二、中西方园林的审美比较

站在审美的角度比较中西方园林的差异，以求对不同文化背景中的园林形式有更为具体、更为深入的审美感受与审美理解。

### （一）人化美与自然美

#### 1.西方人造园追求人化美

西方人认为造园要达到完美的境地，必须凭借某种理念去提升自然美，从而达到艺术美的高度。造园离不开自然物，但西方人认为自然物只是造园的一种素材，自然美本身是有缺陷的，非经过人工的改造，便达不到完美的境地，也就是说自然物本身并不具备独立的审美意义。黑格尔在他的《美学》中曾专门论述过自然美的缺陷，因为任何自然界的事物都是自在的，没有自觉的心灵灌注生命和主题的观念性的统一于一些差异并立的部分，因而便见不到理想美的特征。“美是理念的感性显现”，所以自然美必然存在缺陷，不可能升华为艺术美。而园林是人工创造的，它理应按照人的意志加以改造，才能达到完美的境地。因此，西方园林那种轴对称、均衡的布局，精美的几何图案构图，强烈的韵律节奏感都明显地体现出对人化美的刻意追求。

2.中国人造园追求自然美

中国人造园主要是寻求自然界中能与人的审美情趣相契合、相共鸣之处。造园时以师法自然，分割空间，融于自然；树木花卉，表现自然；山环水抱，曲折蜿蜒，顺应自然而参差错落，力求与自然融合。中国园林虽然是自然山水园，但决非简单的再现或模仿自然，而是在深切领悟自然美的基础上加以萃取、抽象、概括、典型化。这种园林创造不违背自然拙扑的天性，恰恰相反，是顺应自然并更加深刻地表现自然。中国人的审美不是按人的理念去改变自然，而是强调主客体之间的情感契合，即“畅神”。它可以起到沟通审美主体和审美客体之间的作用。从更高的层次上看，还可以通过“移情”的作用把客体对象人格化。

(二)秩序井然、清晰明确与虚实共生、含蓄深沉

1.西方园林讲究秩序井然、清晰明确

由于西方造园遵循形式美的法则，追求几何图案美，必然呈现出一种几何制的关系，诸如轴线对称、均衡以及确定的几何状，如直线、正方形、圆、三角形等的广泛应用。尽管组合千变万化，但仍有规律可循。西方园林主从分明，重点突出，各部分关系明确、肯定，边界和空间范围一目了然，空间序列段落分明，给人以秩序井然和清晰明确的印象。主要原因是西方园林追求的形式美，遵循形式美的法则显示出一种规律性和必然性，而但凡规律性的东西都会给人以清晰的秩序感。另外西方人擅长逻辑思维，对事物习惯于用分析的方法以揭示其本质，这种社会意识形态也大大影响了人们的审美习惯和观念。例如在西方园林的设计中，修剪过的树木、砌筑的水池、台阶、植坛和道路等，它们的形状、大小、位置以及相互关系都推敲得很精到，就连道路节点上的喷泉、水池和被它们切断的道路段落的长短宽窄，都讲究良好的比例，用数和几何关系来确定花园的、甚至是树木的对称、均衡和秩序。

2.中国园林讲究虚实共生、含蓄深沉

中国园林的造景力求含蓄深沉，并借以求得大中见小，小中见大，虚中有实，实中有虚，或藏或露，或浅或深，从而把许多全然对立的因素交织融会，浑然一体，而无明晰可言。相反，处处使人感到朦胧、含混，其中的奥妙正在于含而不露、求言外之意，使人们置身于扑溯迷离和不可穷尽的幻想之中，充分体现了园林式的中国文化。在园林建筑中，虚与实的对立表现在许多方面，例如以山与水来讲，山表现为实，水表现为虚，所谓虚实对比，就是通过山与水的关系处理求得的。通常所说的环山抱水，就是意味着虚实两种要素的萦绕与结合。再就山本身来讲，其突出的部分如山峰、峦为实，而凹进

去的部分，如山沟、壑、涧、穴则为虚。再如透、露、瘦作为评价山石的优劣的标准，虽然乍看起来似乎只是强调了虚的方面，但实际上是虚与实的关系。从某种意义上说，园林空间的变化主要就是虚实之间的变化，这种变化形成了一种无声而有韵律的秩序与节奏，让游赏者在不知不觉中感到舒适与惬意。园林中虚与实的关系不能完全等同于哲学本体上无与有之间的关系，作为一对美学范畴，虚与实还暗含着人类的情感因素：虚象征一种空泛、寂寥的情感与消极无为的人生态度；实代表从事与勃发，积极有为的人生态度。因此，虚实之间的互相转化、虚实相生、虚实结合等辩证关系，不能仅从哲学意义上考察，在园林艺术中，虚与实之间的互相渗透，园林空间的变化多端，含蓄深沉，平易精微，园林景点的穿插与点缀都反映了人们的情感偏向。

(三)形式美与意境美

1.西方园林推崇形式美

形式美是事物外在的形、声、色及其内在组合结构的美。

在西方，对形式美的追求由来已久。古希腊达哥拉斯学派认为“美在形式”，美在于各部分之间的比例、对称。柏拉图最先提出“形式美”的概念，认为颜色、声音、线条、形状的美可以使感官感到满足，引起快感。古罗马时期的维特鲁威即在他的《建筑十书》中提到了比例、尺度、均衡等问题，指出“比例是美的外貌，是组合细部的协调，均衡是由建筑细部本身产生的协调。”法国笛卡儿认为，事物的美在于各部分“有一种恰到好处的协调和适中”。英国荷迦兹认为美的原则是“适宜、变化、一致、单纯、错杂和量”，它们彼此矫正、共同合作而产生了美。博克则认为美的原因在于可通过感官来接受的娇小、光滑、变化、圆润等事物外在的形式特性。德国格式塔心理学美学认为，事物的形式结构同人的心理结构有“同形同构”的关系，人便能感受其美。英国贝尔提出了“有意味的形式”的概念。黑格尔以“抽象形式的外在美”为命题，对韵律、均衡、对称、和谐等形式美法则作了抽象的概括。于是形式美的法则就有了相当的普遍性，支配了建筑、艺术、绘画、雕刻等视觉艺术，同时影响了音乐和诗歌。

园林的设计和建设自然而然地也就在形式美法则的指导下，并更加刻意追求形式上的美。与建筑有密切关的园林更是将形式美奉为金科玉律。西方园林那种轴对称、均衡的布局，精美的几何图案构图，强烈的韵律节奏感都明显的体现出对形式美的刻意追求。法国古典主义园林中对称的轴线、均衡的布局、精美的几何构图，都充分体现了对形式美的追求和推崇。

2.中国园林崇尚意境美

意境指抒情表意在诗、画、歌、舞以至园林艺术中的审美境界，是心与物、情与景、意与境的交融结合。境是基础，意为主导，意境创造或偏“意胜”、或偏“境胜”，但均是情意物化、景物人化、具体景物融进了园林设计者感情和意图而构成的一种新颖独特的景象。中国意境理论形成是一个很长的历史过程。《易传》的“立象”与“尽意”，庄子的“言不尽意”、“诗六义”：赋、比、兴、风、雅、颂，都是意境论形成的重要基础。汉魏六朝，陆机、刘勰、钟嵘等人对情与物关系的论述，“意象”、“滋味”、“风骨”、“神韵”等美学概念的提出，对意境论的形成有重要影响。佛教传入我国后，提倡境界，对意境论的形成更有直接的启迪作用。意境的成熟时期为唐代，王昌龄首创这一名称，他在《诗格》中有“诗有三境：一曰物境，二曰情境，三曰意境”的论述。《与王驾评诗书》有司空图提出的“思与境谐”、“象外之象、景外之景”、“味外之味”、“韵外之致”，均为对其基本特征的深刻论述。《文镜秘府论·论文意》中有：“夫置意作诗，即须凝心，目击其物，便以心击之，深穿具境。”刘禹锡的“境出象外”，最早精确说明了意境的内涵。严羽《沧浪诗话》：“空中之音，相中之色，水中之月，镜中之象。”说明意境不在象内，而在象外。郑板桥指出写意画表观人的意境的重要性，他在《板桥集补遗》中有：“大起造，大挥写，亦有易处，要在人之境何如耳。”把意境看作是艺术家主观精神所表达的境界。近代王国维运用东、西结合的研究方法，总结了中国古代意境理论，提出：“何以谓之有意境？曰：写情则沁人心脾，写景则在人耳目，述事则如其口出是也。”现代宗白华，把意境论提高到民族美学精华的高度，系统阐述了意境学说的理论内涵和价值，指出其意义是，介乎功利境界和伦理境界的艺术境界，“以宇宙人生的具体为对象，赏玩它的色相、秩序、节奏、和谐，借以窥见自我的最深心灵的反映；化实景而为虚境，创形象以为象征，使人类最高的心灵具体化、内身化。“艺术境界主于美”(《中国艺术意境之诞生》)，认为意境是“情”与“景”的结晶，是禅境的表现，道、舞、白是中国艺术意境结构的特点。意境创造与人格涵养具有密切的关系，其实质是探讨艺术形象特征和非形象意蕴的美学意义和中华民族独特审美范畴和艺术审美规律，它所揭示的艺术创造过程中物我、情景、虚实等结合的审美原则，是对中国人审美心理规律的高度概括，具有极其重要的理论价值和实践价值。

中国园林强调的是诗画的意境，中国的传统园林在实际意义上是文人园林，是与山水诗画相生相长、相辅相成的文化。中国绘画一贯讲究“气韵生动”的美学原则，绘画的美不仅在于形式的美、结构的美，而且在于形式结构中传达出的人的精神世界，而诗和画都十分注重于意境的追求，致使中国造园就带有浓厚的感情色彩。这是因为意境是要靠“悟”才能获取，而“悟”是一种心智活动，“景无情不发，情无景不生”，中国造园的要旨就是追求意境，以迂回曲折、曲径通幽的布局和情境，以对自然的模拟和刻画为目标，形成含义隽永、趣味盎然的园林环境。园内空间或畅通或阻隔，路径变化无常，常常出人意料之外，而又在情理之中，借助于园林游览者的视觉、听觉和环境时令变化引起的感官刺激，结合其心理感受而达到诗画的意境。意境是一种心理上的审美联想过程或结果，在审美过程中往往把审美客体看成是一个有生命美的对象进行审视产生情趣；或者对象就是自己（审美主体），把自己移情于物。意境是中国园林的内涵，是中国园林传统风格和特色的核心，情由景生，境由心造，境情交融而产生意境。正是“情与景遇，则情愈深；景与情会，则景常新”。“意境”赋予中国园林艺术以灵魂，灌注以生命力。

（四）颐和园与凡尔赛宫的比较

法国的凡尔赛宫苑于1709年建成。1661年法国财政总监富凯为了讨好国王路易十四，请他到自己新建的“子爵山庄”宫廷赴宴。宴会空前盛大、奢侈，6000名宾客均使用金银餐具。但“子爵山庄”的豪华激怒了国王，三个星期后，富凯便以“贪污舞弊”等罪名被捕，并被判处无期徒刑，“子爵山庄”的财产也被全部查抄。“子爵山庄”事件后，权臣高尔拜上书路易十四说：“陛下可否知道，您立下了赫赫战功，这些战功足以表现您的伟大。但是这些是远远不够的。我知道建筑物是最能表现君主之伟大与气概的，您何不建造一所全欧洲最为豪华壮丽的宫殿呢？这个宫殿就叫‘太阳王’的宫殿吧！”听了高尔拜的上奏，路易十四龙颜大悦，下令建一座比“子爵山庄”更大、更豪华的王宫，这就是后来的凡尔赛宫。

颐和园的前身是清漪园，为乾隆年间所修建，乾隆十五年（1750年）弘历为庆其母六十大寿，将原瓮山改名万寿山。清漪园在1860年被八国联军所毁。到了光绪十四年（1888年），慈禧太后挪用海军经费3000万两白银，兴建颐和园，作为消夏之所，所以西人将其翻译为“夏宫”。颐和园内有的匾额为慈禧所写，其实那是大臣们将字的轮廓用细线描出，慈禧只不过在细线里面的空白处涂上墨而已。颐和园的“颐”字为“保养”的意思，如“颐神养性”，意为保养精神元气；又如“颐养天年”意为保养年寿。而“颐和”意为颐养天和。天和意为人体的元气，原来是西太后要颐养天年，也就是要身体健康以便长寿。颐和园作为中国传统造园的精华，在其烟波浩淼的宽阔水域上点缀着三座小岛，分别取意于神话中美丽东海上的瀛洲、蓬莱、方丈三座仙山，以实现“人间仙境”的意味，与此遥相辉映，万寿山上的建筑多以赋予禅宗意味为中心，而象征、点景等造园手法的运用又烘托出了周围其他景致的幽静闲雅气质，这样的布置很容易使游人借观景达到“修身养性”的意图。

法国的凡尔赛宫苑与中国的颐和园虽然诞生于相近的年代并且都是皇家园林，但由于地域文化的不同，二者呈现出完全不同的园林形式，成为各自领域中经济基础、文化积淀以及审美意识的呈现者、承载者和集大成者。

1.不同的造园体系

1954年，在维也纳召开的国际园景建筑家联合会第四次大会上，英国造园家杰利克把世界造园体系分为：中国体系、西亚体系、欧洲体系。这三大造园体系是由于所处不同地理位置人们的生产生活、文化积淀、思想意识的不同而形成的。三大园林体系有着各自的特色。

(1)中国体系　中国园林的出现与游猎、种植有关。由人们最初围猎的原始生活到种植农业生产的出现，园林也经历了由土丘苑囿到菜圃果园的发展过程。自然风景苑囿是中国园林的雏形，苑囿中有天然的植物和水池以及土丘等，有很少的人工设施，如土台、人工开凿的池、沼，还有专供天子、诸侯游猎的动物；自然山水园林由自然苑囿发展而成，是以自然山林、河流、湖沼为主体，配以建筑、古代文化、文物等的一类园林，现在人们称之为风景名胜；写意山水园林是中国造园发展到完全自觉创造阶段而出现的审美境界中最高的一类园林，中国园林作为一种艺术达到了典雅精致、情景交融、自然与人工融糅趋于完美的境界。颐和园和承德避暑山庄就是中国皇家写意山水园林的典型代表；拙政园、留园、个园等，都是中国私家写意山水园林的典型代表。

中国园林体系：自然风景苑囿—自然山水园林—写意山水园林。

(2)西亚体系　西亚的巴比伦、埃及、古波斯采用几何的形式规划园林。创造出齐整的植物和规则的水渠，园林风貌较为严整，园中四面有墙，中间开出纵横十字形的道路构成园林的轴线，分割出四块绿地栽种花草树木。水被看成庭园的生命，十字形道路交叉点修筑中心水池象征着天堂，颇具宗教意味。

(3)欧洲体系　欧洲园林体系在发展演变中较多地吸收了西亚风格，通过借鉴与渗透，形成了自己“规整和有序”的园林艺术特色。

公元5世纪，希腊人在西亚造园的基础上，发展成为布局规整的园林形式，把欧洲与西亚两种造园体系联系起来。古罗马继承了希腊规整的园林艺术，发展成为大规模的山庄园林。花园最重要的位置耸立着主体建筑，建筑的轴线也同样是园林景物的轴线；园中的道路、水渠、花草树木均按照人的意图有序地布置，显现出强烈的理性色彩，逐步发展为具有特色的意大利台地园。欧洲其他几个重要国家的园林基本上承袭了意大利的风格，但均有自己的特色。文艺复兴时期英国园林仍然模仿意大利风格；18世纪中叶以后中国造园艺术被英国引进，使英国园林趋向自然风格，被西方造园界称做“英华庭院”，就是英国风致园林。路易十四于1661年开始在巴黎西南经营凡尔赛宫，这是一座规整对称、气势宏伟、闻名世界的大宫殿、大园林。欧洲园林可以归纳为：

西亚体系—欧洲体系{法国规整式园林；意大利台式园林；英国风致式园林}

2.表现出不同的审美形式

凡尔赛宫整体对称，包括宫殿和园林两部分。宫殿建筑气势宏伟，园林以宫殿的主轴线为基点并沿直线延伸，其他景物则对称地布置在中轴线两端。园林的布局东西走向，是把路易十四比做“太阳”来歌颂，布局象征太阳的轨迹。宫殿西面是一座风格独特的法兰西式大花园，风景秀丽，大小道路都是笔直的，与花草、水池、喷泉、柱廊组成几何图案。宫殿建筑气势磅礴、布局严密、对称、规整。

颐和园集中展现了中国园艺风格，复合式的厅、房、园，是中国北方的庭院式风格；园中的河堤、水面、山石、植物等是仿照杭州西湖而设计的；在万寿山北坡，还可以看到仿西藏喇嘛寺的建筑群；园内著名的长廊全长 728 米，雕梁画柱，所有的堂、亭、寺，包括昆明湖和万寿山，既有各自的风格，又有水乳交融、和谐自然的美感。颐和园的整体构想和精巧设计，集中了中国南北园林艺术的精华。

3. 表现出不同的审美观念

园林是人们在不同的哲学思想支配下所形成的产物。通过园林的形式美，表达了人们对生存环境——自然物体（指原始自然和人化自然）的审美观念以及审美理想。

如前所述，中国人对自然的审视经历了致用、比德和畅神三个阶段。其形成与发展以中国农业文明为背景，农业是中华民族的生存之本，尤其是种植农业成为中华民族生存与发展的最基本的生产方式。中国的农业文明与地理环境息息相关，我国北部有大片沙漠的阻隔；南部是水陆纵横交错；西部是世界屋脊高耸；东部有漫长的海岸线，加上物种丰富、气候类型多样等，都为农业的产生与发展提供了良好外部环境。人们顺应自然以致用、崇拜自然以比德、仿造自然以畅神。祈求风调雨顺、人丁兴旺，讲究天人和谐、人事和谐是从事农业的人们最现实的心理状态与观念。中国与自然相融糅、相协调的园林，典型地反映出了人们的这种心理状态。颐和园虽然是皇家园林，但仍然反映出“虽由人作，宛自天开”的自然审美观念。

法国人也赞美自然，但他们认定的是自然美的色彩与形状及其支配规律。法国位于欧洲大陆的西部，三面濒海，境内河流连接各地为商业的发展提供了良好的外部环境，在农业经济的基础上，商业较为发达。观念上讲究生存竞争、推崇个人崇拜、个人奋斗和实现自我价值。路易十四“朕即国家”、“太阳王”的说法，明白无误、典型准确地表达了法国人的观念。另外，法国和欧洲其他国家一样深受古希腊罗马理性传统文化的影响，表现出对自然规律的探究和索求，目的是征服自然与管理自然。在园林方面遵循“美在形式”的理念，于是出现了凡尔赛宫苑那些被修剪得整整齐齐的植物和呈现出精美几何形状的园林图案。

## 第三节　日本园林审美

中国和日本同属东方国家，其园林有某些共同之处。但由于中日两国地理环境的截然不同以及两个民族的性格差异甚大，中国、日本虽然同种同文，却有着趣意相异的园林文化。

## 一、中国文化对日本园林的影响

日本文化是多种文化的融合，其中园林文化的构成与中国有很大关系。

日本的传统园林主要以庭园为主。日本国土为岛国，岛上丘陵起伏，植被丰富，有漫长的海岸线，海岸多为礁石，千姿百态。海岛景观和丘陵景观成为日本自然风景的内容和庭园构思的主题。宗教在日本有强大的思想力量和社会政治力量，影响甚广，园林更是如此。日本本土原始神道教的影响，早期净土宗的影响，到后来禅宗的影响，决定了日本园林的宗教化的特点，也形成了“枯山水”园林这种极至的抽象形式。日本庭园要素之一就是石景，特别是枯山水的组合，源自流传于中国的汉代道家神仙的“蓬莱仙岛”之说。早在战国中期，我国燕齐一带就出现了一批神仙方士，大肆渲染蓬莱神话，宣传长生不老之说，随后产生了中国本土宗教道教，道教也将三岛和五岳十洲以及洞天福地等说成是长生成仙者的人间“仙境”。道教所指的“三岛”最早是指蓬莱、瀛洲、方丈。“一池三山”是中国古代宫苑建筑中常见的规划形式，通常表现为在一片水域中布置三座岛屿。由于日本岛国的地形特色更符合“仙岛”这种审美意境，所以“一池三山”的园林布局渐渐流行于日本，成为日本庭园特别是池泉庭园中最常见的形式（见彩图 8-1）。

神仙道家思想在 6 世纪中叶与佛教一起传到日本。蓬莱神话仙境立刻使日本的天皇和人们心摇神迷。他们受海上神山传说的启发，只要大海中的岛上有长满常春藤的山峦，日本人都称之为“富士”。“富士”本身有“常春”之意，且“富士山”的发音与“不死草”（ふしさ）在发音上极为相近，今作为日本标志的“富士山”，也是因为传说曾在此山山巅上点燃过“不死之药”的缘故。日本醍醐寺三宝院园林所筑的山，就是“富士山”的缩景，用白色的苔藓表示山顶的雪。

蓬莱神仙世界化成了中日园林中的仙境具象，生动地展现了一种超越生命、与天地同存、逍遥悠闲、愉悦欢欣的人生境界。仙境神圣、高雅、快乐，凝聚了对“生”的希望和憧憬，反映了人类对超越生命、与天地同存的人生境界的追求和反抗死亡的人本精神。

## 二、日本园林的主要特点

### （一）源于自然，清纯雅致

日本造园家从自然中获得灵感，注重选材的朴素、自然，以体现材料本身的纹理、质感为美。造园者把粗犷朴实的石料和木材，以及竹、藤砂、苔藓等植被以自然界的法则加以精心布置，使自然之美浓缩于一石一木之间，使人仿佛置身于一种简朴、谦虚的至美境界。

在表现自然时，日本园林更注重对自然的提炼、浓缩，并创造出能使人入静入定、超凡脱俗的心灵感受，从而使日本园林具有耐看、耐品、值得细细体会的精巧细腻、含而不露的特色。园林突出的象征性,能引发观赏者对人生的思索和领悟。

(二)注重写意,静谧隽永

日本园林常以写意象征手法表现自然,构图简洁、意蕴丰富。其典型表现便是多见于小巧、静谧、深邃的禅宗寺院的"枯山水"园林。在其特有的环境气氛中,细细耙制的白砂石铺地、叠放有致的几尊石组,便能表现大江大海、岛屿、山川,不用滴水却能表现恣意汪洋,不筑一山却能体现高山峻岭,悬崖峭壁。它同音乐、绘画、文学一样,可表达深沉的哲理,体现出大自然的风貌特征和含蓄的审美情趣。由于植物量较大,给人以深邃隽永之美感。

(三)讲求细节,凝练精巧

日本园林对于细节的刻画有其独到之处,对微小的东西如一根枝条、一块石头所作出的感性表现,显得极其关心并看得非常重要,这些在飞石、石灯笼、门、洗手钵等的细节处理上都有充分的体现。日本的茶庭,小巧精致,清雅素洁;不用花卉点缀,不用浓艳色彩,一概运用统一的绿色系,体现了茶道中所讲究的"和、寂、清、静"和日本茶道、歌道美学中所追求的"佗"美和"寂"美,在相当有限的空间内,表现出了深山幽谷之境,给人以寂静空灵之感。空间上,对园内的植物进行复杂多样的修整,使植物自然生动,枝叶舒展,体现出天然本性。

(四)体现禅意,超凡脱俗

宗教在日本一直处于重要地位,而寺院、神社则是日本文化中重要的象征物。日本园林的造园思想受到极其浓厚的宗教思想的影响,追求一种远离尘世,超凡脱俗的境界。特别是后期的枯山水,竭尽其简洁,竭尽其纯洁,无树无花,只用几尊石组,一块白砂,凝缠成一方净土(见彩图 8-2)。日本的枯山水园,极其简洁的景物蕴涵着极其深远的寓意,体现的是淡泊、玄远、寂灭、往生的宗教情怀,"禅"的意味非常浓厚,需要心灵的感悟才能体验其中的意趣。

**三、日本园林与中国园林的审美差异**

(一)审美意境之差异

书香与禅意,可以分别代表中日园林审美意境的整体差异。中国古典园林的主体是文人园林,弥漫着浓浓的书卷气;而日本古典园林的主体是武士园林或僧人园林,具有浓厚的宗教色彩。形成这种审美意境显著差异的原因在于,中国寺庙园林为私家园林所同化,文人园成为中国古典园林的主体;而日本则相反,私家园林为寺庙园林所同化,日本古典私家园林具有宗教园的气质。文人园与宗教园的区别,是造成中日古典园林审美意境之差异的直接原因,究其根源,与佛教在东亚的传播有极大的关系。

中国园林着力于在园林中再现自然、师法自然,追求"虽由人作,宛自天开"的意趣。尤其是文人园林既是文人出仕之前的习业治学之所,又是文人退身之后的归隐静思之地；既是文人修心养性、安身立命的乐土，又是文人雅聚唱吟、谈古论今的园地。因此，它处处体现了文人士大夫的理想、人格追求、审美情趣和文人寄情山水的审美趣向，使文人流连忘返于山水花木之间，借山水以解忧，藉花木以怡情，更重要的是在对自然的体悟中感受个体生命的意义。“穷则独善其身，达则兼善天下”，是中国古代文人的两大生命主题。它一方面是儒家的正心、修身、齐家、治国、平天下的政治抱负，另一方面又是道家的虚静、恬淡、放浪形骸的生存哲学，这两种精神功能在造园和赏景的园林参与活动中得到了充分的体现。古代文人常常亲自参与园林的经营规划和推敲点评，原因就在于文人将自己的种种情感、志向、意趣投射在园林景物的塑造之中，在创作时获得自我实现的满足，并在观赏时又重温这种满足带来的愉悦。中国古典园林是通过真山真水、花草树木的配置，特别是通过为数众多的诗、画、文、题、联、匾、额等点景之作，表达深刻的寓意，表达文人的志向、追求、理想和精神境界。

日本古典园林虽然也是以自然山水为造园主题，目的在于典型地再现大自然的美，但其主要特点是“写意”，特别是从镰仓时代开始由真山水向枯山水转化，在室町时代又完成了茶庭露地的更趋神游的园林形式的转变，其审美意趣大异于中国古典园林的真山真水的文人情趣，而更多地体现了闲寂幽玄的“禅”的意趣。“枯山水”是日本写意庭园的最纯净的形态，在很大程度上是一种小尺度的、盆景式的园林，典型的枯山水园林是京都府龙安寺。枯山水庭园的尺度、规模比之一般的私家园林和寺庙园林小得多，但却在小面积的庭院中通过写意、象征的手法，造出千岩万壑的气势来。它用石块象征山峦，用白砂象征湖海。石块或单独或三五成组放置，以示崇山峻岭或者层峦叠嶂；白砂平铺象征广阔的海面，砂面耙成平行的曲线，犹如万重波涛；沿石根把砂面耙成环形，象征惊涛拍岸。不植高大的树木，只植少量夭矫多姿的灌木，不种花而种植蕨类、青苔等。与中国真山真水的园林不同，枯山水不是供人在其中流连、游览、赏玩的，而是供人（特别是禅僧）睹物静思、神游天外的。

（二）审美意识之差异

物悦与物哀是中日园林在审美意识中的差异。中国道家推崇精神上的超然尘外，主张人格身心的绝对自由，在其影响下形成的适意、隐逸思想对中国古典园林的意境产生了更为深远的影响。但是，道家所主张的心灵修养和人格升华，与儒家所力主的君子人格追求不但不相悖，而且恰恰可以圆融无碍，补儒家对个性自由关注之不足。而且，道家所主张的超脱，是积极进取过程中的一种退思、休憩、调整心绪，而不是无奈的屈服和对人生的厌弃与抛弃。因此，从总体上看，中国古典审美意识是趋向于愉悦之情的。

“物哀”是贯穿在日本传统文化和审美意识中的一个重要的观念。物哀是悲情之美。对日本传统审美意识起主导作用的是佛教，尤其是禅宗思想，所表达的正是空灵冲淡的"彻悟心境"，体现的是一种由对自然万物、人生百态的感悟而触发、引生的低沉、悲愁、优美、纤弱、哀戚的情绪。在日本古典园林所营造的审美意境中，我们可以感受到这种动人心魄的物哀之美。枯山水园林，只有尺寸之地，只有意象化的山与水，然而正因为没有蓬勃的花草树木，从而摆脱了四季的荣衰；正因为没有真实的流水，所以摆脱了盈涸和运息。俗世人生难免有生老病死，所以是短暂而痛苦的，只有摆脱了这一切，才能到达永恒的乐土。这就是"枯山水"所要表达的情感，它深深地渗透了悲观、厌世、彻悟、往生的物哀之美。茶庭草庵往往刻意追求质朴无华的气质，素土泥墙，内部是不经砍斫雕饰的木柱，摒弃一切多余的修饰，简朴而洁净，足以荡涤人的心灵。茶道精神其实是禅宗文化的世俗性表现，具有浓厚的宗教色彩，其目的也在于修养身心，触发人的情思和感悟。因此，日本古典园林中的建筑物基本上表达的是一种物哀之美，而不是为世俗化的享乐活动服务的。物哀之美不是悲痛，而是让人产生一种深沉凝重的审美意识。

（三）审美观念之差异

中和与空无是中日园林在审美观念中的差异。园林就是追求"中和之美"，这是中国传统文化使然。在中国传统文化中占据主导地位的儒、道两家都非常重视"中和"。儒家强调"和为贵"，"中和"有两个含义：一是多样性。孔子主张"和而不同"，即多样性的和谐组合；二是适度性。孔子讲"过犹不及"，即不偏不倚，恰到好处。而道家也重视"和"，老子说"万物负阴而抱阳，冲气以为和"，就是指出世间万物均是由阴阳对立的两方面相生相长而成。我们可以看到，即使从中国传统文化的整个发展历程来看，"中和"意识都是自觉地贯穿其中的。在审美观念中，中和之美是反对单一性，反对走极端，孔子在评价《诗经·关雎》时认为它"乐而不淫，哀而不伤"，即既有丰富的情感表现，又不过分。中国传统审美意识所追求的正是这样，重视主体情感的激发和体现，却又自觉地用主体的道德、意志、理性来节制感情，使情感表现既丰富多彩，又恰如其分。

中和之美在中国园林中有充分的体现。中国古典园林以灵巧、淡雅、平和著称，在造园理景的过程中非常重视色彩的搭配。首先，其环境空间的主基调为绿色，绿色是自然界、生命力的象征，使人心境平和、充满希望；其次，以花草果实的缤纷色彩作点缀。在一片绿色的世界里如果没有鲜花的色彩点缀，园林空间就会显得单调乏味，因此花草果木的栽植非常重要。春有红桃，秋有黄菊，夏有粉荷，冬有白梅。既有色彩的差异，又有花期的间隔，春华秋实，常游常新，正反映了自然界的勃勃生机；再次，以朴实的建筑色彩作补充。虽然花草树木姹紫嫣红，但建筑的色彩却非常朴素。中国古典园林中建筑占有相当大的比重，而且形态各异，但是却丝毫不会显得突兀，不会影响园林的整体协调。因为尽管建筑的类型繁多，但色彩却相当朴素，粉墙，黛瓦，栗色的门、窗和梁、柱，掩映在繁花绿树丛中，显得单纯、简洁、宁静、素雅。通过这种精心的色彩设计和处理，中国园林体现出一种既丰富多彩、生机蓬勃，又宁静恬淡、清新雅致的中和之美。

与中国古典园林中淡淡愉悦的中和之美不同，日本园林的审美观念追求的是一种禅味极浓的、幽深的、神秘的、微妙的、朦胧的“空无之美”。日本文化受佛教的影响非常深刻，其审美观念具有极浓的宗教色彩。在这种审美观念的背后是浓重的佛教意味，背负着“宿世”、“宿命”的重负，常感人生短暂、罪孽深重，在内省中心情沉重、痛苦而压抑；又极力向往虚幻的“极乐之境”，祈求通过静思、反省来求得心灵寂灭。它所表达的就是一种反省人生、但求寂灭的空无之美。日本室町时代的枯山水庭园擅长运用写意和暗示的手法，如前所述：通过白砂、石块和少量苔藓等的单调组合，形成冥漠空无、冷寂凝滞的情调和幽玄深邃、逶迤晦暗的庭园风格。与中国园林明丽的色彩搭配不同，日本古典园林不求丰丽，但求传神，灰暗是日本古典庭院的基调。园林中的建筑物，如茶庭，追求粗朴纯洁，力求使用直线条，摒弃一切曲线，与中国园林建筑中轻灵飞扬的角翘大异其趣。园林空间刻意营造“老树白云，一鸟不鸣”的淡泊境界，以利于沉思与反省。建筑物内的采光因此总是营造得像朦胧的黄昏，而庭园内的石灯笼在夜间映射出昏暗的灯光，更加强了一种神秘、幽隐的意味，大有“深山藏古寺”的孤寂、荒芜感。

在日本园林中可以体味到一种宗教味和哲学味极浓的精神是坟墓和归宿。人们在一览园林之后可以品尝人生，领悟人生之真谛，回味自己的坎坷人生，唤醒人们对死亡、超越、永恒、自由的把握，从而可以感悟人在宇宙中自身生命的轻重。日本园林中的岩石、水流、群山、树木、小桥、曲径就是人生坎坷的象征。

**四、日本园林的启示**

日本园林在吸收中国造园思想艺术的基础上，创造了自己所特有的园林形式，其小巧精致而简单幽静的园林形式在当今世界独树一帜。日本园林在世界园林界的影响不亚于中国园林，甚至反过来影响了中国园林。

这给我们以有益的启示：吸收他国的园林艺术是创造和发展本国园林艺术的有效方法。在吸取外来文化时有以下几点需要引起我们的注意：

（一）与自然环境相互适应

不同地域的人们有不同的民族自然观念，日本学习了中国的园林形式，但是并没有生搬硬套，而是结合本国的自然素材，构建了具有日本特色的园林。砂石之间的流水，庭院角落的竹子、灌木和组石，园林里的山景、小溪、河流以及高耸的树木都与日本这个岛国相适应，与日本本身的风景很相似。日本的茶室庭园也是与日本的茶文化紧密相连、密不可分的。

（二）与实用功能紧密结合

园林除了使人有精神方面的感受外，还要与使用功能紧密结合在一起，只重形式不重功能的园林是没有前途的。日本园林中没有茶道就没有茶室庭园，茶室庭园中的每一块石头，都是与饮茶活动紧密联系的。同样，没有佛僧静修就没有枯山水。

（三）与本土文化和谐融糅

本土文化是造园是否成功的基础。不同的民族有不同的文化、不同的造园指导思想。在不同的文化背景下，产生了不同的、各具特色的园林形式。日本从我国引进佛教，而佛教传入后与日本本土的神道教融合，形成了具有日本特色的佛教，在思想上占据了主导地位，并成为日本园林突破中国园林形式、形成自己独立风格的切入点。

## 阅读（七）　与传统的对话

通常，人们的看法是将传统与过去划等号，亦即把传统文化看成是一种业已成型的东西。但是，“传统文化决不只意味着一种既定的概念，而是流动于过去、现在、未来这整个时间维度中的一种人类的创造，具有不可逆的传承性。”虽然一代又一代的艺术家与设计师，总是企图摆脱传统文化的羁绊，创造属于他们自己的艺术里程碑，但传统文化还是如影随形，随处可见。因此，可以说，人类任何传统文化，都必然对艺术与科技的发展产生非常深刻的影响，并且通过艺术与科技，直接或间接地对现代设计产生连带的巨大影响。尤其当代时空观念的改变，即时空的“深度感”和“距离感”日趋衰微，人们在感叹“天下真小”的同时，更加惊叹于传统文化所蕴含的深度和广度。

19 世纪末，中国古代文人写意园经过三千余年的发展演变，随着封建社会的解体而走完了它的历程。作为中国传统文化的一个重要组成部分，文人写意园以它独特的风姿，展现了中国文化的精英，显示出华夏民族的“灵气”。从历史上看，中国文人写意园的影响所及，不但达到朝鲜、日本，还远及 18 世纪的欧洲，西方不只一次地出现过历时甚久的中国园林热。从当今开放的现实看，1980 年按苏州网师园“殿春簃”移植的“明轩”，出现在美国纽约大都会艺术博物馆；1983 年，体现了古典园林传统的“芳华园”，在德国慕尼黑国际艺展上荣获园艺建设中央联合大会金质奖章和德意志联邦共和国大金奖……这些都显示了中国文人写意园经久不衰的魅力和具有再生性的旺盛生命力。另外，在国内，虽然时代和人们的观念已改变了，但中国文人写意园的美仍为人们所接受和赞赏，其原因不只是它的艺术魅力，而且是它具有一种内在的民族心理规定性，因为“积淀在体现这些作品中的情理结构，与今天中国人的心理结构有相呼应的同构关系和影响”（李泽厚《美的历程》）。

当今的中国，经济飞速发展，城市化进程日益加快，各级政府都加大了对城市环境改造和建设的力度，使得当前我国的风景园林规划设计事业遇到了前所未有的发展机遇。近年来，我国的景观环境建设取得了有目共睹的成绩，极大地改善了人们的工作生活环境，但是，也不乏遗憾之举。面对前人留给我们的丰富而又珍贵的园林遗产，如何借鉴和发扬光大，探索中国现代园林的风格，从而在新的时代重现“园林之母”的辉煌，这是一个亟待解决的课题。

## 一、自然化

伴随工业革命的爆发，城市化进程的加快，人类社会摆脱了小农经济的羁绊，充分利用工业化成果大规模开发和改造自然，在享受电、煤气、汽车等现代设施便利的同时也饱尝疾病、噪音、污染之苦。此时人们对城市景观的认识已割裂了人与自然之间的有机联系，完全沉醉于人工环境建设与修饰之上。自然已成为配角，人工已改造和包围了自然。因此，“保护和改善人类环境已经成为人类一个迫切任务”(1972 年 6 月联合国大会《人类环境宣言》)。

中国文人写意园是自然写意山水园，“道法自然”是文人园林所遵循的一条不可动摇的原则。无论是“师法自然”还是“高于自然”，其实质都是强调“自然”，即在尊重自然的前提下改造自然，创造和谐的园林形态，达到与自然融为一体。在工业革命威胁人类生存的当今世界，这种思想本身就蕴含着某种解决的途径和哲学。而在 20 世纪 30 年代，欧美才逐渐认识到：“园林形式的创造应从表达特定的场所、反映其所处的当代工业文化中产生”，这恰恰是中国一贯的造园思想。

另外，“道法自然”的观念从未忽略过自然的另一个重要因素——人。文人园林大多出自中国古代文人画士之手，他们对自然美的追求源于对自然生活的追求，“采菊东篱下，悠然见南山”，追求一种田园牧歌式的理想生活。而且，文人园林是典型的“城市山林”，是古代文人在繁华的城市中营建的一块宁静、闲适、幽美的生活环境。而在田园、山林面积日益缩小的当代社会，面对着大量的硬质铺装，快节奏的现代化生活方式使人们渴望得到精神上的释放，更加向往田园式的自然环境。因此，“道法自然”一理明确了我们对待外部世界和生命应持何种态度，也指出了现代园林景观艺术与设计的基本途径。

## 二、意境美

当今信息时代，以文化科技高速发展为特征，科学技术再次壮大人类改造一切的力量，特别是全球经济一体化和信息同步化发展，文化意识的传播已日渐频繁，传统文化意识日益淡薄，城市风貌日趋雷同，城市的特色和个性正在逐渐消失。而只有当对城市文化内涵的追求成为推动城市发展的内在动力时，才能赋予城市独具一格的性格特征。城市环境不仅是城市功能需求的直接反映，更是建立在人与自然相互协调发展之上的文化意蕴的美。而且，经济文化的高速发展，使人类对本体与自然环境的认识更加完善和科学，因而，对于人类精神家园建设的要求日益提高，对于城市环境内在的人文审美因素要求也更高。

对于传统文化的借鉴，就像日本建筑师黑川纪章所说的："对传统有两种理解：一种是指眼睛看得见的，如建筑的样式、外观和装饰等；一种是指眼睛看不见的，如建筑的中轴线，中轴线是无形的，但又是确实存在的。"对于中国文人写意园林来说，"眼睛看不见的东西"可能体现出来的就是意境了。

中国文人写意园是集诗、画、文学等艺术表现形式之大成的综合体……"诗情画意"的追求是它的一大特点。这样，它不仅与其他诸艺术交融一体，而且因此也具有了更多的超时代的人文审美因素。意境是诗画的综合体现，虽然社会环境和审美环境的改变产生了今人与古人意境感受的差距，但从心理学和禀赋本能的角度看，意境感受存在一个共同的潜意识基础。

如前所述，中国古代的知识分子，尤其是元、明、清三代的文人在现实生活中的处境与他们的美学理想相去甚远，因此对他们来说，寄情山水、在山水与自身之间寻找内在的精神联系是获得生命的愉悦和慰藉的途径。于是，描画丹青和营造园林就成为中国文人们获得这种愉悦与慰藉的具体方式，成为他们情感的归宿。因此，意境不能被简单地看作意(观念)和境(场景)的叠加，它背后蕴含了丰富的情感、心理学和哲学意味。它的包容特征使它成为中国古典美学中的一个极其重要的范畴。

景观的意境来自对风景的观察，然而这一观察必然包含了强烈的精神因素。在中国人心目中，不包含情感的风景没有存在的价值，因为意境的产生是由风景和情感两方面共同决定的，而意境，才是园林艺术的根本所在。

因此，现代园林景观的设计也不仅仅是栽花种树、堆山凿池，而是运用心灵的智慧与情感，通过展示风景，体现个人对待生命的态度。园林景观设计与绘画有着某些共通的特质和创作原则，但设计的不同之处在于它要创造一个满足人们观赏需要，容纳一定的行为功能以及符合具体物质条件限制的空间场所，在有限的空间内，设计师必须利用一切可能的条件使使用者产生美的联想。

总之，传统文化是一个包含过去、现在和未来整个时间维度上的开放系统。我们应该自觉地认识我们今天的责任，表现我们对传统文化的理解和创造力；我们更要超越过去，而不仅仅是模仿，要在批判中吸收和借鉴，创造出既能体现社会民族发展的文脉，又符合现代功能与审美要求的富有时代气息的中国新园林。

——摘自赵思毅等著的《中国文人画与文人写意园林》，中国电力出版社，2006 年 9 月第一版

**思考题**：为什么西方不只一次地出现过历时甚久的中国园林热？

# 参 考 文 献


曹林娣，2002．“蓬莱神话”与中日园林仙境布局[J]．烟台大学学报（哲学社会科学版）（2）：214-218．

陈从周，等，2001．中国园林鉴赏辞典[M]．上海：华东师范大学出版社．

陈战是，梁伊任，2005．现代园林材料的应用与发展[J]．技术与市场．园林工程（8）：12-13．

杜春兰，2003．中西园林设计的哲学思辨[J]．新建筑（4）：4-6．

段凤琴，刘慧民，刘仁芳，2003．中日传统园林造园特色比较[J]．中国林副特产（4）：35-36．

段渊古，王宗侠，杨祖山，2000．色彩在园林设计中的应用[J]．西北林学院学报（4）：94-97．

方佩和，等，2001．园林经典[M]．杭州：浙江人民美术出版社．

冯契，等，1992．哲学大辞典[M]．上海：上海辞书出版社．

高介华，2003．中国古代苑园与文化[M]．武汉：湖北教育出版社．

寒悦，1999．中国古典园林[M]．北京：中国科学技术出版社．

季孔庶，2004．园林植物高新技术育种研究综述和展望[J]．分子植物育种（2）：295-300．

季羡林，等，2004．长江中游新石器时代文化[M]．武汉：湖北教育出版社．

金学智，2005．中国园林美学[M]．北京：中国建筑工业出版社．

李家治，2001．中国早期陶器的出现及其对中华文明的贡献[J]．陶瓷学报（2）：78-83．

梁隐泉，王广友，2004．园林美学[M]．北京：中国建筑工业出版社．

廖为明，楼浙辉，2004．日本园林的特点及启示[J]．江西林业科技（4）：43-45．

刘庭风，2003a．广州园林[M]．上海：同济大学出版社．

刘庭风，2003b．中日园林美学比较[J]．中国园林（7）：57-60．

刘婉华，2004．文心与禅心——中日古典园林审美意境之比较[J]．华南理工大学学报（社会科学版）（4）：19-23．

刘作奎，2006．凡尔赛宫——路易王朝的权杖与坟墓[J]．小康（6）：2．

帕特里克・泰勒，2003．英国园林[M]．高亦珂，译．北京：中国建筑工业出版社．

帕特里克・泰勒，2004．法国园林[M]．周玉鹏，刘玉群，译．北京：中国建筑工业出版社．

佩内洛佩・霍布豪斯，2004．意大利园林[M]．于晓楠，译．北京：中国建筑工业出版社．

仇春霖，等，1997．大学美育[M]．北京：高等教育出版社．

涂以全，2004．现代城市园林设计中植物美学的应用[J]．城市开发（11）：27-28．

万叶，叶永元，2001．园林美学[M]．北京：中国林业出版社．

王静，2012．中国园林分类研究概述[J]．安徽农学通报，18（13）：148-152．

王前，2005．中西文化比较概论[M]．北京：中国人民大学出版社．

王幼平，2000．旧石器时代考古[M]．北京：文物出版社．

吴宇江，1994．日本园林探究[J]．中国园林（3）：17，62-64．

武振凯，等，2000．新乐文化论文集[M]．沈阳：沈阳新乐遗址博物馆．

项琳斐，张健，2003．趣析中国古典园林与法国古典主义园林之差异[N]．中国建设报，2003-04-07．

辛文,2006.两种迥异的辉煌——颐和园和凡尔赛宫苑的园林艺术[J].设计视界(2):19-22.
许火龙,2007.世界三大园林体系特色比较分析[J].安徽农学通报(10):86-87,158.
薛健,2003.外国花园[M].天津:天津大学出版社.
杨辛,甘霖,1983.美学原理[M].北京:北京大学出版社.
杨雪芝,1997.今日中国园林的发展[J].中国园林(1):57-59.
余树勋,2006.园林美与园林艺术[M].北京:中国建筑工业出版社.
俞孔坚,2006.走向新景观[J].建筑学报(5):73.
曾宇,王乃香,2000.巴蜀园林艺术[M].天津:天津大学出版社.
张承安,等,1994.中国园林艺术辞典[M].武汉:湖北人民出版社.
张虎生,翟跃飞,1996.药王山摩崖石刻[M].拉萨:西藏人民出版社.
张朋川,等,2000.黄河彩陶[M].杭州:浙江人民美术出版社.
张小溪,2006.中国古典园林的发展阶段及其美学探微[J].华中建筑(10):182-184.
张振,2003.传统园林与现代景观设计[J].中国园林(8):46-54.
张之恒,黄建秋,吴建民,2003.中国旧石器时代考古[M].南京:南京大学出版社.
张纵,钟音,陈志超,2004.现代园林与高技术的完美结合[J].中国园林(6):24-31.
章彩烈,2004.中国园林艺术通论[M].上海:上海科学技术出版社.
赵朝洪,吴小红,2000.中国早期陶器的发现、年代测定及早期制陶工艺的初步探讨[J].陶瓷学报(4):228-234.
赵敏,2003.论原始人类体饰的形式及起源[J].苏州大学学报(工科版)(3):77-79.
赵思毅,等,2006.中国文人画与文人写意园林[M].北京:中国电力出版社.
赵文艺,宋澎,1994.半坡母系社会[M].西安:陕西人民美术出版社.
周士琦,2005.颐和园与圆明园的名称[J].寻根(3):140-141.
朱江,2002.扬州园林品赏录[M].上海:上海文化出版社.
卓智慧,郭璁,2005.自然环境对日本园林形式和特点的影响[J].上海建设科技(5):48,56.
ZHANG TING,王理,2003.颐和园艺术与历史的结晶[J].建筑(10):2.

# 编后感言

书编完了。

字数虽然不多,但感慨真是难以用言语表达。

白天忙着备课、上课、辅导、指导毕业论文……

晚上当我查阅园林方面的书籍、论文和资料时,我似乎畅翔在美梦般的园林当中。

时而我似乎看到:那些满头白发、把生命奉献于园林事业的老专家们在灯下对我娓娓道来,亲切而又和善地向我讲述着园林的故事。老专家们扎实雄厚的学术功底、由浅入深的理论分析,透过字里行间,令我心折意服。

时而又有那些风华正茂、思维敏捷的园林界精英——中青年学者,神采飞扬地对我讲解着园林的宏图与伟篇。学者们那雄辩而又理性的论述,那崭新而又前卫的模式,透过句句行行,让我无视这夜晚的黑暗。

展现在我眼前的是和谐的地球园林美景:天空晴朗而又明媚;大海湛蓝而又平静;陆地葱绿而又生机盎然……还有那坐落在地球大园林中的城市、集镇、乡村以及幸福的人们……

书编完了。梦醒时回头看看自己所写的文字,我一下子理解了“能力、水平有限”这几个字。


## 致　谢

本书在编写过程中白宝良、赵波、方益民、刘扬、张琪、王达志、王超、黄海艳、霍炳屹等老师和学生给了我很多的帮助和指教,在此一并表示真诚的谢意。其中气象出版社的方益民和刘扬二位老师为本书的编写做了大量的工作,为了使本书更加完善,他们利用业余时间多次来到我校,工作到夜晚 12 点多,才匆匆离去;他们还不辞劳苦地利用业余时间同我一起到野外考察;为了一张照片反复推敲琢磨……他们这种敬业和追求完美的精神使我深受感动,同时我们从单纯的工作关系发展为相互信赖的朋友。

作　者

2007 年 7 月 20 日